Die Lehre

vom

fortgesetzten Verbrechen

und von

der Verbrechenskonkurrenz

für Praktiker und Theoretiker

dargestellt

von

Dr. Richard Eduard John,
ordentlicher Professor der Rechte an der Universität Königsberg.

Berlin,
Druck und Verlag von Georg Reimer.
1860.

Vorwort.

Wenn ich die nachfolgenden Blätter „für Praktiker und Theoretiker" bestimmt habe, so wollte ich damit die Hoffnung ausdrücken, es würden dieselben nicht blos dem Theoretiker einiges Interesse, sondern auch dem Praktiker einigen Nutzen zu gewähren im Stande sein. Der Grund aber, weshalb ich glaube, diese Hoffnung hegen zu dürfen, liegt in der Methode, welche ich bei Abfassung dieser Schrift befolgt habe. — Es mögen hierüber folgende Andeutungen einen Platz finden.

Von dem aprioristischen Konstruiren von Prinzipien, mögen die Konsequenzen derselben noch so logisch gezogen sein und durch Ausschmückung mit fingirten Beispielen noch so sehr den Schein praktischer Anwendbarkeit erlangen, kann ich im Allgemeinen kein Heil für die Strafrechtswissenschaft erwarten, bin vielmehr der Ueberzeugung, daß diese Methode wesentlich Schuld ist an der Entfremdung, die zwischen Theorie und Praxis in dem Gebiete des deutschen Strafrechts zu beklagen ist. Will die Theorie Prinzipien aufstellen, die praktisch verwerthbar sind, so kann sie dieselben nur abstrahiren aus den Problemen, welche das Rechtsleben selbst erzeugt. — Ein jeder Rechtsfall trägt das Prinzip seiner Entscheidung in sich selbst. Wir werden es erkennen, sobald wir mit juristischem Takte — der freilich nicht gelehrt, sondern nur ausgebildet werden kann — die wesentlichen von den unwesentlichen Momenten gesondert und aus jenen die Frage, auf deren Beantwortung es ankommt, formulirt haben. Aus der richtigen, präcisen Formulirung der Frage wird sich die Beantwortung derselben ohne Mühe ergeben. Die auf diese Weise für den einzelnen Fall gefundene Entscheidung wird auch anzuwenden sein auf diejenigen Fälle, welche mit dem entschiedenen die gleichen wesentlichen Momente enthalten, es wird in ihr somit ein strafrechtliches Prinzip gefunden sein, welches selbstverständlich lange nicht das höchste, aber doch ein solches ist, welches mit dazu verwandt werden muß, um aus ihm und anderen Prinzipien der niedrigsten Ordnung die der höheren, aus diesen die der höchsten abzuleiten, bis dann endlich die Möglichkeit geboten wäre, ein das gesammte System beherrschendes Prinzip aufzustellen. — Auf diese Weise muß meines Erachtens der Theoretiker arbeiten, ehe er die Resultate seiner Arbeit dem juristischen Publikum vorlegt. Die Darstellung selbst mag dann von dem gefundenen obersten Prinzip ausgehen. Aber dasjenige was jetzt geboten wird, kann, da es aus dem Rechtsleben selbst entnommen ist, mit ziemlicher Wahrscheinlichkeit darauf rechnen, wiederum dem Rechtsleben nützlich zu werden.

Diese eben angedeutete Methode — ich möchte sie die kasuistische nennen — habe ich in der vorliegenden Arbeit bei der Darstellung eines Gegenstandes angewandt, welcher in Theorie und Praxis nicht selten mit gleicher Unsicherheit gehandhabt wird. Hinsichtlich des positiven Materials habe ich, als auf das mir zunächst liegende, vorzugsweise auf das Preußische Recht Rücksicht genommen. — Dadurch würde indessen die Brauchbarkeit dieser Arbeit auf das Gebiet des Preußischen Rechtes nicht beschränkt sein. Die gesetzlichen Bestimmungen über die Verbrechenskonkurrenz weichen in den deutschen Strafgesetzbüchern nur in Einzelnheiten von einander ab, und ebenso wie ich der Ansicht bin, daß die Preußischen Gerichte manchen Nutzen aus der Praxis anderer deutscher Länder ziehen können, glaube ich auch für diese das Gleiche mit Bezug auf die Preußische Praxis behaupten zu dürfen.

Ich wünsche diesem Buche, daß dasselbe seinen Einfluß auf die Praxis zunächst dadurch äußern möge, daß auf Grund desselben recht viele Nichtigkeitsbeschwerden erhoben, und entschieden werden.

Königsberg, im Januar 1860.

Dr. Richard John.

Inhalt.

§ 1.

Einleitung.

Im dritten Bande des Goltdammer'schen Archivs S. 497 ff. und S. 618 ff. befindet sich ein von mir verfaßter Aufsatz über die Verbrechenskonkurrenz. Diese Lehre habe ich seit der Veröffentlichung jener Arbeit mit großem Interesse weiter verfolgt, so daß ich jetzt im Stande zu sein glaube, über ein etwas umfänglicheres Material zu gebieten und manches besser und erschöpfender zu sagen, als ich es damals im Stande war. Ich muß namentlich erwähnen, daß seit jener Zeit eine recht reiche Kasuistik durch die Entscheidungen der höchsten deutschen Gerichtshöfe geliefert ist und daß auch die neuere kriminalistische Doktrin dazu beigetragen hat, theils indirekt theils direkt die Lehre von der Verbrechenskonkurrenz zu fördern. Namentlich ist es Hälschner gewesen, welcher in seinem Systeme des Preußischen Strafrechts S. 489—529 diese Theorie einer erneuerten Prüfung unterworfen hat, einer Prüfung, welche für mich um so schätzenswerther sein mußte, als meine Arbeit nicht nur anerkennend erwähnt, sondern auch auf die dort ausgesprochenen Ansichten in eingehender Weise Rücksicht genommen ist. Die Hälschner'schen Ausführungen sind es, welche die äußere Veranlassung zu dieser Arbeit gegeben haben. Denn weit entfernt das Verdienstliche derselben verkennen zu wollen, kann ich doch einen Abschluß dieser Lehre in Hälschner's Arbeit nicht erblicken; ja es sind einzelne Behauptungen aufgestellt, welche ich als unrichtige und verwirrende vollständig verwerfen zu müssen glaube. Doch aber haben selbst die meiner Meinung nach fehlerhaften Ansichten das Verdienst, daß wir durch das Fehlerhafte auf das Richtige hingewiesen werden.

Eine fortdauernde Rücksichtnahme auf die angeführte Stelle des Hälschner'schen Systems wird sich aus diesem Grunde rechtfertigen, und die nicht selten vorkommende Polemik soll mir lediglich als ein Mittel dienen, die Sache selbst zu fördern.

Ich werde zunächst über das fortgesetzte Verbrechen handeln, dann über die Verbrechenskonkurrenz und endlich anhangsweise eine kriminalistische Formation erwähnen, welche zwar mit dem fortgesetzten Verbrechen wie auch mit der Verbrechenskonkurrenz einige äußere Aehnlichkeit hat, doch aber von demselben vollständig gesondert werden muß.

Erster Abschnitt.

Das fortgesetzte Verbrechen.

§ 2.

Begriffsbestimmung.

Für die Begriffsbestimmung des fortgesetzten Verbrechens ist zweifellos der Hälschner'schen Ansicht beizustimmen, daß das fortgesetzte Verbrechen als ein von der Konkurrenz völlig auszuschließender Fall zu betrachten, daß das fortgesetzte Verbrechen eben nur ein Verbrechen sei. Mit Recht bezeichnet Hälschner diese Ansicht als eine „allseitig anerkannte" und haben wir damit für die nachfolgende Untersuchung wenigstens einen sicheren Ausgangspunkt. — [1]).

Ist nämlich das fortgesetzte Verbrechen ein Verbrechen, so muß das fortgesetzte Verbrechen zunächst alle diejenigen Momente enthalten, durch welche der Begriff ein Verbrechen bestimmt wird. Die wesentlichen Merkmale dieses Begriffes sind aber folgende:

1. Ein Verbrechen besteht nur in einer verbrecherischen Handlung. Mit Recht rügt es Hälschner, [2]) daß ich

---

[1]) Vergl. Goltd. Archiv III. S. 620. Hälschner S. 502—504.

[2]) a. a. O. S. 496 not. 35.

mich in meiner früheren Arbeit über das Wesen der Handlung und ihrer einzelnen Momente unklar geäußert habe. Ich nehme daher keinen Anstand, das früher von mir hierüber Gesagte aufzugeben und mich der Hälschner'schen Begriffsbestimmung der Handlung anzuschließen. Er selbst äußert sich hierüber in folgender Weise:[1] „Thätigkeit und Handlung sind darin eins, Willensäußerung zu sein. Sie unterscheiden sich aber dadurch, daß wir die Thätigkeit als Handlung bezeichnen, wenn wir ihre Momente als zur Einheit zusammengefaßt betrachten, während umgekehrt in der Thätigkeit die Einheit der Handlung aufgelöst erscheint in die Vielheit der einzelnen sich folgenden Willensakte. Das Moment aber, welches die einzelnen Akte der Thätigkeit" (— zweckmäßiger wäre Hälschner in der einmal gewählten Terminologie geblieben. Statt „einzelne Akte der Thätigkeit" mußte gesagt werden „einzelne Thätigkeiten." Dieser Ausdruck würde nach dem unmittelbar Voraufgehenden jedem Mißverständnisse vorgebeugt haben; wohl aber kann der Ausdruck „Akte der Thätigkeit" ein Mißverständniß herbeiführen, weil ein neues Wort auf einen neuen Begriff hindeutet. Soll „Akte der Thätigkeit" etwas anderes sein als „Thätigkeiten," so muß der Unterschied dieser beiden Begriffe bestimmt angegeben werden, sollen diese beiden Ausdrücke aber nur denselben Begriff bezeichnen, so mußte für den gleichen Begriff auch das gleiche Wort gewählt werden. Ich mußte dieses bemerken, weil ich weiter unten Gelegenheit haben werde zu zeigen, daß die „Akte der Thätigkeit" Hälschnern einen bösen Streich gespielt haben. —) „ist nicht irgend ein Zeitmaß, denn zeitlich auseinander liegende Willensakte können einer Handlung angehören, während umgekehrt zeitlich einander sehr nahe liegende Akte dennoch auf verschiedene Handlungen zu beziehen sind. Ebensowenig hat der Gesetzgeber das Recht darüber zu entscheiden, welche und wie viele Momente einer menschlichen Thätigkeit als eine Handlung zu betrachten seien." Bis zu diesem Punkte stimme ich Hälschner vollkommen bei. Ich werde daher auch in der ganzen folgenden Darstellung unter Handlung die Einheit, unter Thätigkeit den einzelnen Bestandtheil dieser Einheit ver-

[1]) a. a. O. S. 497.

stehen. Die Frage bleibt nur noch, welche und wie viele Thätigkeiten können zu einer Handlung gezogen werden, welches ist das entscheidende Kriterium ob eine Anzahl Thätigkeiten zu einer oder zu mehreren Handlungen zu ziehen sind? Die negativen Antworten, welche Hälschner auf diese Frage giebt, habe ich bereits angeführt und die positive Antwort lautet folgendermaßen. „Ueber die Einheit der Handlung hat nur der Handelnde das Recht zu entscheiden, und er thut dies durch die Absicht. Wo eine Absicht vorhanden ist, da erscheint das dieser Absicht entsprechende, sie verwirklichende Verhalten der Menschen als eine Handlung." Ich gebe ohne Weiteres zu, daß die einzelnen Thätigkeiten lediglich durch die denselben zu Grunde liegende gemeinschaftliche Absicht zu einer Handlung verbunden werden können. Ich bestreite aber, daß es von der Entscheidung des Handelnden abhängt, so viele Thätigkeiten auf eine Handlung zu beziehen als ihm beliebt. Die Gründe hiefür werde ich sofort beibringen, und halte zunächst daran fest daß eine Handlung nur dann denkbar ist, wenn und so lange die einzelnen Thätigkeiten durch eine Absicht vereinigt werden. Daraus ergiebt sich dann, daß

2. zu dem Begriffe ein Verbrechen das Moment eine Absicht gehört.[1]) Aus diesem zweiten nothwendigen Merkmal des Begriffes ein Verbrechen ergiebt sich als nothwendige Folgerung, daß, wo mehr als eine Absicht vorliegt, auch mehr als ein Verbrechen angenommen werden muß, wobei es ganz gleichgültig ist, ob die mehrfache Absicht sich scheinbar nur in einer, oder ob sie sich in mehreren Thätigkeiten äußert. Wer beispielsweise durch eine verleumderische Aeußerung den guten Ruf von drei Personen zu verletzen beabsichtigt, dessen dreifache Absicht äußert sich scheinbar nur in einer Thätigkeit. Aber ebenso wie bei dem Vorhandensein einer Absicht mehrere Thätigkeiten in eine Handlung zusammengefaßt werden müssen, ebenso muß auch die anscheinend eine Thätigkeit

---

[1]) Die in meiner früheren Arbeit Bd. III. S. 511 aufgestellte Terminologie muß ich als unhaltbar aufgeben. Ich bin dazu durch die später bekannt gewordenen Ausführungen von Herrmann, Archiv des Kriminalrechts 1856 S. 1 ff. S. 441 ff. Osenbrüggen, Abhandlungen Thl. I. S. 13 ff. und zuletzt auch durch Hälschner bestimmt worden.

in ebenso viele Handlungen zerlegt werden, als Absichten des Handelnden in ihr enthalten sind. — Mögen wir also in dem angeführten Beispiele nur eine Thätigkeit zu erkennen im Stande sein, drei Verleumdungshandlungen müssen wir annehmen, weil drei Absichten des Thäters vorhanden sind. Ebensowenig nämlich, wie das körperliche Auge im Stande ist, mehr als einen Zielpunkt abzusehen, ebensowenig ist dieses dem geistigen Auge möglich. Das Zielen nach zwei verschiedenen Punkten setzt ein doppeltes Absehen voraus, ebenso die Richtung des Willens gegen zwei Rechtsverhältnisse eine doppelte Absicht. [1]) Liegen freilich zwei verschiedene Zielpunkte sehr nahe bei einander oder in ein und derselben Richtung hintereinander, so kann das körperliche Auge uns diese beiden verschiedenen Punkte als einen Punkt erscheinen lassen und uns somit in einen Irrthum versetzen. Ebenso können auch die verschiedenen Rechte dem geistigen Auge durch besondere Umstände nur als ein Recht erscheinen, woraus sich denn ergeben würde, daß der Thäter zwar zwei Rechte angegriffen, jedoch durch einen Irrthum veranlaßt, diese beiden Rechte nur für eines gehalten hat, daß ihm somit nur eine Absicht zugerechnet werden kann. — Ich bestritt oben die Behauptung Hälschner's, daß es lediglich auf die Entscheidung des Handelnden ankommen könne, wie viele Thätigkeiten zu einer Handlung zu rechnen seien. Wenn nämlich mehrere Thätigkeiten nur durch eine Absicht zu einer Handlung zusammengefaßt werden können, über die Einheit oder Mehrheit der Absicht aber nicht der Handelnde selbst, sondern die Anzahl der Angriffsobjekte, der angegriffenen Rechtsverhältnisse entscheiden kann, so folgt daraus, daß die Frage, ob die verschiedenen vom Handelnden vorgenommenen Thätigkeiten eine oder mehrere Handlungen ausmachen, durch die Einheit oder Mehrheit der verletzten Rechte entschieden werden muß. Diese Entscheidung wird nur in dem Falle zu modificiren sein, wenn der Thäter, obwohl er mehrere Rechte verletzt hatte, doch nur eines zu verletzen glaubte, wenn er sich mithin über diesen Umstand im Irrthume befand.

3. Zu dem Begriffe ein Verbrechen gehört als wesentliches

---

[1]) Vgl. Osenbrüggen a. a. O. S. 15.

Moment ein angegriffenes Recht. Es sind zwei Bedenken zu beseitigen, welche gegen die Aufnahme dieses Momentes in die Begriffsbestimmung ein Verbrechen erhoben werden könnten.

Das erste Bedenken ist oben bereits angedeutet, es besteht darin daß falls der Thäter irrthümlich mehrere Rechte nur für ein Recht hielt, demselben nur eine Absicht, nur eine Handlung zugerechnet werden dürfe, obwohl zwei Rechte von ihm verletzt wurden. Ich will dieses Bedenken nicht so beseitigen, daß ich sage, es sei Regel, daß durch ein Verbrechen nur ein Recht verletzt werde und diese Regel werde durch die einzige Ausnahme beschränkt, daß der Handelnde über die Mehrheit der von ihm angegriffenen Rechte sich in einem Irrthume befand, diese einzige Ausnahme aber nicht im Stande sei, die Regel zu beseitigen. Es ist dies deswegen nicht möglich, weil ich nicht alle sondern nur die wesentlichen Merkmale des Begriffes ein Verbrechen aufzustellen unternommen habe und an den wesentlichen Merkmalen eines Begriffes schlechterdings nichts geändert werden darf, ohne diesen Begriff selbst zu ändern. — Das so eben aufgeworfene Bedenken beseitigt sich vielmehr in folgender Weise. Gehört ein angegriffenes Recht wesentlich zu dem Begriffe ein Verbrechen, so folgt daraus mit Nothwendigkeit, daß zwei angegriffene Rechte zwei Verbrechen konstatiren. — Dies ist auch zweifellos richtig. Denken wir uns nur die Sache processualisch behandelt. Die Untersuchung hat ergeben, daß zwei Rechte verletzt worden sind, daß die Willensbestimmung des Thäters dolus gewesen sei. Weiter ist vorläufig nichts ermittelt. Die auf diese Ermittelungen gestützte Anklage kann nur lauten: Da der Thäter absichtlich zwei Rechte verletzt hat, so kann von einer Absicht, von einer Handlung, von einem Verbrechen desselben nicht die Rede sein, es müssen demselben vielmehr zwei Verbrechen zur Last gelegt werden. Die Vertheidigung kann hingegen behaupten und erweisen: Dasjenige, was die Anklage für zwei verschiedene Rechte gehalten hat, sind nicht zwei verschiedene, sondern nur ein und dasselbe Recht, es ist nicht richtig, daß A. und B. bestohlen sind, sondern es ist nur B. bestohlen. So wie dieser Beweis geführt ist, wird die Anklage zu der Replik genöthigt, daß da nur ein Recht verletzt sei auch nur von einer Absicht, von einer Handlung, von einem Verbrechen des

Angeklagten die Rede sein könne. Oder es sagt die Vertheidigung: Es ist zwar richtig, daß zwei Rechte verletzt sind, der Angeklagte glaubte indessen, nur ein Recht zu verletzen, er befand sich in einem Irrthum, indem er annahm die von ihm gestohlenen Sachen gehörten lediglich dem B. während sie in Wahrheit dem A. und B. gehören. So wie diese Exception erwiesen ist, wird replikando zu sagen sein, es könne dem Thäter nur ein Verbrechen zugerechnet werden, da der Irrthum desselben die Annahme nur einer Handlung, nur einer Absicht zulasse. An diesem Verhältnisse kann auch dann natürlich nichts geändert werden, wenn der Irrthum des Thäters schon vor Erhebung der Anklage durch die Voruntersuchung festgestellt worden wäre. Die Anklage würde dann den Irrthum des Thäters mit berücksichtigen können in derselben Weise wie der Kläger im Civilprocesse die Einreden des Verklagten mit benutzen kann, falls er dieselben schon vor Anstellung der Klage kennt. — Jetzt ist die Frage folgende: Ist die Behauptung, daß zwei verletzte Rechte zwei Verbrechen bedingen aufrecht zu erhalten, obwohl das auf diese Behauptung gestützte petitum des Klägers durch eine Exception vernichtet werden kann? — Diese Frage ist unbedenklich zu bejahen, weil, wenn überhaupt ein juristischer Begriff bestimmt werden soll, dieses unabhängig von irgend welchen Exceptionen geschehen muß, welche möglicherweise die Wirkung des auf diesen juristischen Begriff gestützten Anspruches beseitigen können. Beispielsweise: In die Definition des Diebstahls wird ganz allgemein das objektive Moment „fremde bewegliche Sache" mit aufgenommen. Es muß dieses geschehen, weil durch die Bezeichnung des verletzten Rechts die Natur des Diebstahls bestimmt wird. Niemandem aber wird es einfallen zu sagen, es dürfe dieses objektive Moment in die Begriffsbestimmung des Diebstahls nicht aufgenommen werden, weil der Thäter möglicher Weise in dem Glauben gewesen sein könne, seine eigene Sache fortzunehmen, während er in der That eine fremde Sache fortnahm, und daß es folglich nur auf die Absicht des Thäters ankomme, ob derselbe eine fremde Sache habe fortnehmen wollen. — Für die Feststellung eines speciellen oder allgemeinen kriminalistischen Begriffes müssen diejenigen Merkmale beigebracht werden, deren Vorhandensein einen diesem Begriffe entsprechenden strafrechtlichen Anspruch bedingen; verwirrend würde es sein, wollte man auch auf diejenigen Umstände Rücksicht nehmen, welche geeignet sind den auf Grund des vorhandenen Begriffes geltend zu machenden Anspruch zu beschränken oder aufzuheben. Auf dem Umstande, daß mehrere Rechte in verbrecherischer Absicht verletzt sind, muß der Anspruch auf Bestrafung mehrerer Verbrechen gestützt werden, und nur der Einwand des Irrthums kann diesen Anspruch modificiren. Auf diese Einrede ist aber für die Begriffsbestimmung eines Verbrechens oder mehrerer Verbrechen nicht Rücksicht zu nehmen. Ein strafrechtlicher Anspruch auf Verurtheilung eines Verbrechens kann nur gerechtfertigt werden, wenn entweder nur ein Recht verletzt ist, oder wenn in Folge des Einwandes des Irrthumes die Replik des Klägers darauf geht, daß die mehreren verletzten Rechte so zu behandeln seien, als ob nur ein Recht verletzt wäre. — Aus diesen Gründen kann ich das aus dem Irrthum des Handelnden hervorgehende Bedenken nicht für ausreichend erachten, das Moment „ein verletztes Recht" als wesentliches Merkmal des Begriffes „ein Verbrechen" aufzugeben.

Ein zweites Bedenken gegen die Aufnahme dieses Momentes könnte daraus entstehen, daß, da Einheit oder Mehrheit des verletzten Rechtes in einem so genauen Zusammenhange mit Einheit oder Mehrheit der Absicht stehen, daß Einheit der Absicht nur bei Einheit des verletzten Rechts und Mehrheit der Absicht nur bei Mehrheit des verletzten Rechts denkbar ist, die Behauptung, zu dem Begriffe „ein Verbrechen" gehöre „ein verletztes Recht", schon ausgesprochen sei, sobald behauptet wurde, zu dem Begriffe ein Verbrechen gehöre Einheit der Absicht, Mehrheit der Absicht bedinge mehrere Verbrechen. Ich gebe zu, daß es überflüssig sein mag, das Resultat eines nothwendigen Schlusses noch besonders herauszustellen. Es bestimmten mich aber dazu zwei Gründe. Zunächst der praktische, indem überall da, wo ein Zweifel über Einheit oder Mehrheit des Verbrechens entsteht, die Untersuchung zunächst die Zahl der angegriffenen Rechte feststellen muß, weil nur das Ergebniß dieser thatsächlichen Feststellung einen sicheren Grund abgiebt, auf welchen die Verfolgung wegen eines oder wegen mehrerer Verbrechen gegründet werden kann. Der zweite Grund ist mehr äußerlicher Natur. Er besteht darin, daß Hälschner, obwohl derselbe von dem Satze ausgeht, das fortgesetzte Verbrechen sei ein Verbrechen und demgemäß auch Einheit der Handlung und Einheit der Absicht für das fortgesetzte Verbrechen fordert, er dennoch die Einheit des verletzten Rechts als ein wesentliches Moment dieses Begriffes leugnet. Hierauf komme ich gleich zu sprechen.

Zunächst habe ich nur Folgendes festzustellen: Ist das fortgesetzte Verbrechen ein Verbrechen, so müssen sich in demselben alle diejenigen Merkmale vorfinden, durch welche sich der Begriff ein Verbrechen überhaupt bestimmt. Da nun als wesentliche Momente des Begriffes „ein Verbrechen" aufgestellt und begründet wurden: Einheit der Handlung, Einheit der Absicht, Einheit des verletzten Rechts, so müssen diese drei Momente in jedem fortgesetzten Verbrechen enthalten sein und zwar aus keinem anderen Grunde, als weil das fortgesetzte Verbrechen ein Verbrechen ist. — Wie schon erwähnt behauptet auch Hälschner für das fortgesetzte Verbrechen Einheit der Handlung und Einheit der Absicht, leugnet dagegen, daß Einheit des verletzten Rechts ein wesentliches Merkmal desselben sei. Ich habe auf seine Argumentation etwas näher einzugehen. — Nachdem Hälschner S. 511 mehrere Fälle angeführt hat, bei welchen aus der Mehrheit des verletzten Rechts die Mehrheit der Absicht folge, fährt derselbe S. 513 in folgender Weise fort: „Aber es darf daraus nicht die allgemeine Regel gebildet werden, daß über Einheit oder Mehrheit der Handlungen die Einheit oder Mehrheit der Objekte entscheide, weil nämlich in anderen Fällen diese Regel den Dienst versagt. So kommt es bei den gegen das Eigenthum gerichteten Verbrechen nur darauf an, daß der Handelnde mit Bewußtsein fremdes Eigenthum überhaupt, nicht aber das einer bestimmten Person verletzte. Wer also bei derselben Diebstahlhandlung zufällig Sachen, die verschiedenen Eigenthümern angehören, entwendet, hat nur einen Diebstahl begangen, weil er nur die Eine Absicht hatte fremdes Eigenthum zu entwenden. Wenn aber der Dieb mit Bewußtsein und gerade darum, weil die Sachen diesen bestimmten Personen, die er beschädigen will, angehören, gleichzeitig diese verschiedenen Sachen entwendet, so hat er, wegen der mehrfachen Absicht auch mehrere Diebstähle begangen." — Dieses Beispiel ist so durch und durch fehlerhaft, daß es schwer wird, in die Aufzählung der Fehler einige Ordnung zu bringen. Wir sollen durch dieses Beispiel lernen, wann das Bestehlen mehrerer Personen als ein Diebstahl und wann als mehrere Diebstähle zu betrachten ist. Zu diesem Zwecke beginnt Hälschner: „Wer bei derselben Diebstahlshandlung" 2c. nimmt also etwas bereits als vorhanden an, dessen Vorhandensein erst in dem Beispiele gezeigt werden sollte. Weiß ich schon, daß das Bestehlen durch dieselbe also durch eine Diebstahlshandlung stattgefunden hat, so versteht es sich nach dem, was wir schon wissen, ganz von selbst, daß nur ein Diebstahl begangen ist. Wir sollen ja aber gerade durch das Beispiel darüber klar werden, was unter einer Diebstahlshandlung zu verstehen ist. Diese Aufklärung wird uns lediglich durch die Worte zu Theil: „Wer zufällig Sachen, die verschiedenen Eigenthümern gehören, entwendet." — Was soll dieses „zufällig" bedeuten? Auf die Zufälligkeit der Entwendung kann es sich natürlich nicht beziehen; denn kein Diebstahl geschieht zufällig, und Hälschner sagt ja selbst, daß in diesem Falle der Thäter nur eine Absicht gehabt, also doch überhaupt absichtlich gehandelt habe. Somit kann sich das Wort „zufällig" nur darauf beziehen, daß die mehreren Personen gehörenden Sachen zufällig so nahe neben einander lagen, um dem Diebe die Möglichkeit zu gestatten, alle zusammen in einen Sack zu stecken und in einer Ladung fortzutragen. Wenn nun aber die Sachen mehrerer Eigenthümer zufällig so nahe an einander liegen, daß die eben beschriebene Stehlmethode anwendbar ist, folgt daraus und zwar daraus allein irgend etwas für die Einheit der Absicht des Thäters? — Doch vielleicht wird dasjenige, was bis jetzt noch unklar ist, dann deutlicher, wenn wir erst wissen, in welchen Fällen Hälschner die Annahme mehrerer Diebstähle verlangt. Mehrere Diebstähle sind vorhanden, wenn der Dieb mit Bewußtsein und gerade darum, weil die Sachen diesen bestimmten Personen, die er beschädigen will, angehören, die betreffenden Sachen stiehlt. Nehmen wir an, die gestohlenen Sachen gehören dem A. B. C., der Dieb weiß dies auch sehr gut, und stiehlt in diesem Bewußtsein die dem A. B. C. gehörenden Sachen, keineswegs aber deswegen, weil die Sachen dem A. B. C. gehören, die er beschädigen will, sondern weil er die Sachen gut brauchen kann. Er würde ebenso gestohlen haben, wenn die Sachen dem P. Q. R. gehört hätten. Dieser Dieb macht sich also, weil er nicht „gerade darum" weil die Sachen dem A., B. und C. gehören, gestohlen hat, nach Hälschner's Ansicht nicht mehrerer, sondern nur eines Diebstahls schuldig. — Aber derselbe Dieb hat noch eine specielle Malice gegen den X. Y. Z. Deswegen müssen gerade diese drei Personen bestohlen werden, denn kein anderer Diebstahl würde geeignet sein, die Malice gegen X. Y. Z. zu befriedigen. Der Dieb entwendet diesen drei Personen Sachen „gerade darum" weil sie diesen drei Personen gehören. Das Bestehlen des X. Y. Z. ist nicht ein Diebstahl sondern drei Diebstähle, in diesem Falle liegt eine mehrfache Absicht vor. — Mehr ist wirklich nicht nöthig, um den Fehler Hälschner's ganz klar herauszustellen. Das Bewußtsein des Diebes durch das Stehlen mehr als eine Person in ihren Vermögensrechten zu verletzen, das soll nicht genügen, um mehrere Diebstähle festzustellen, dazu ist noch ein bestimmtes Motiv erforderlich; es muß „gerade darum" gestohlen werden, weil die Sachen diesen bestimmten Personen gehören, war das Stehlen durch irgend ein anderes Motiv veranlaßt, so kann nur von einem Diebstahle die Rede sein. — Es genügt, hierauf anzuführen, daß das Motiv des Diebes ganz zweckmäßig berücksichtigt wird, wenn es sich darum handelt, ob derselbe zu vier oder zu fünf Wochen verurtheilt werden soll, aber, um einen allgemeinen Schuldbegriff festzustellen, dazu können Motiv und Zweck nimmermehr verwandt werden. Hälschner behauptet hier, ob bewußt oder unbewußt ist ganz gleichgültig, nichts weniger, als daß beim Vorhandensein eines bestimmten Motivs Mehrheit, beim Nichtvorhandensein desselben dagegen Einheit der Absicht angenommen werden müsse. Er verwirrt damit in der Anwendung auf eine bestimmte Lehre die ersten Fundamentalbegriffe des Strafrechts und derjenige Praktiker, der sich das Hälschner'sche Beispiel zum Muster nimmt, um zwischen Einheit und Mehrheit des Diebstahls in den Fällen zu entscheiden, in denen mehrere Personen bestohlen sind, muß jedenfalls die allerschlimmsten Fehler machen.

Mit Bezug auf das oben bereits Angeführte, ist das Hälschnersche Beispiel in folgender Weise zu ändern: Wer Sachen entwendet, welche verschiedenen Eigenthümern gehören, begeht, da seine Absicht auf die Verletzung mehrerer Rechte gerichtet ist, mehrere Diebstähle. Befand sich indessen der Thäter darüber in einem Irrthum, daß die Sachen verschiedenen Eigenthümern gehörten, veranlaßte ihn der Irrthum zu dem Glauben, das Vermögensrecht nur einer Person, also nur ein Vermögensrecht zu verletzen, so ist er nur wegen eines Diebstahls zu strafen.

Daß Hälschner die Bedeutung des Irrthums für die Feststellung einer oder mehrerer Handlungen bei mehr als einem verletzten Rechte übersehen hat, das ist der Grundfehler seiner Darstellung, aus welchem alle weiteren Fehler hervorgegangen sind. — Ich will hier beiläufig noch einen Ausspruch desselben anführen. S. 508 heißt es: „der konkrete Fall muß es ergeben, ob unter den gegebenen faktischen Voraussetzungen der Thäter die mehreren Acte mit Fug sich als eine Handlung denken konnte, oder ob die behauptete Einheit der Absicht nur Vorwand ist." Mit diesem Satze ist für die Praxis gar nichts anzufangen. Nehmen wir an, es sei festgestellt, der Angeklagte habe Sachen, welche mehreren Personen gehören, entwendet, der Angeklagte habe diese Behauptungen der Anklage zugestanden. Wenn es nun in des Thäters Interesse liegt, daß er nur wegen eines Diebstahls gestraft wird, so muß er mit Hälschner excipiren: Ich habe mir die mehreren Akte nur als eine Handlung gedacht. Darauf würde der Richter an die Geschwornen die Frage zu richten haben: Konnte sich der Angeklagte die mehreren Akte mit Fug als eine Handlung denken? Eine Antwort würden die Geschwornen wohl geben, aber das ganze Verfahren würde nichtig sein. Die Sache muß vielmehr in folgender Weise verhandelt werden. Steht es fest, daß mehrere Personen bestohlen sind, so hat der Angeklagte zu behaupten, er habe es nicht gewußt, daß die von ihm gestohlenen Sachen mehreren Personen gehörten, habe vielmehr geglaubt, nur eine Person zu bestehlen. Daraus ergeben sich denn folgende den Geschwornen zu stellende Fragen: Hauptfrage: Ist der Angeklagte schuldig, Sachen, welche drei verschiedenen Personen gehören 2c. 2c. weggenommen zu haben? Zusatzfrage: Ist es dem Anklagten unbekannt gewesen, daß die von ihm gestohlenen Sachen drei verschiedenen Personen gehören?[1]) — Die Beantwortung dieser letzteren Frage hängt dann allerdings von der eigenthümlichen Beschaffenheit des konkreten Falles ab. Der kriminalistische Begriff aber, dessen Vorhandensein oder Nichtvorhandensein die Betrachtung des konkreten Falles ergeben soll, ist der Irrthum.

Noch ist Folgendes anzuführen: Hälschner sagt S. 508. „Während das Wesen des fortgesetzten Verbrechens lediglich durch die Einheit der Absicht und die fortgesetzte ursächlich auf sie bezogene verbrecherische Thätigkeit bestimmt wird, haben Gleichartigkeit der Akte und Einheit des Objektes nur die Bedeutung Hülfsmittel für den Beweis der einheitlichen Absicht zu sein, und in dieser Beziehung muß noch weiter gegangen werden, indem ebensosehr alle übrigen thätsächlichen Voraussetzungen der Handlung, Ort, Zeit, Gelegenheit, Mittel, u. s. w. dem Beweise der Einheit oder der Mehrheit der Absicht dienen können." — Ueber die Gleichartigkeit der s. g. Akte wird weiter unten zu handeln sein. Hier kommt es nur darauf an, die Richtigkeit der Hälschner'schen Behauptung zu prüfen, daß Einheit des Objektes, Einheit des verletzten Rechts, lediglich ein Hülfsmittel für den Beweis der einheitlichen Absicht sei, und zwar ein Hülfsmittel, welches mit Ort, Zeit, Gelegenheit, Mittel u. s. w. ganz gleich rangirt. Zunächst läßt sich das von Hälschner behauptete zweifellos dahin erweitern, daß wenn ein verletztes Recht nur ein Hülfsmittel ist, die Einheit der Absicht festzustellen, auch mehrere verletzte Rechte nur ein Hülfsmittel sein können, um die Mehrheit der Absicht festzustellen. Die juristische Natur der Hülfsmittel: Ort, Zeit, Gelegenheit, Mittel u. s. w. bezeichnen wir mit keinem anderen Worte als mit dem Worte Indicium. Da nun Einheit und Mehrheit des verletzten Rechts für die Feststellung der Einheit oder Mehrheit der Handlung keine höhere Bedeutung haben als die eben erwähnten Indicien, so reducirt sich Hälschner's Behauptung darauf, daß Einheit des ver-

[1]) Vgl. Oppenhoff zu § 44 n. 8. 9. In dem Texte ist es vorläufig unberührt geblieben, daß das von Hälschner gebrauchte Wort „Akt" unverständlich ist, weil nirgends gesagt ist, was darunter im Gegensatz zu Handlung und Thätigkeit zu verstehen ist. Ich komme darauf weiter unten zurück. —

letzten Rechts lediglich ein Indicium für die Einheit, Mehrheit des verletzten Rechts lediglich ein Indicium für die Mehrheit der verbrecherischen Handlung sei. — Beginnen wir mit dem letzteren Fall, so ist mit Bezug auf diesen schon oben dargethan, daß mehrere absichtlich verletzte Rechte unter allen Umständen das Vorhandensein mehrerer verbrecherischer Handlungen konstatiren, falls nicht der Einwand des Irrthums erwiesen werden kann. Die abstrakte Möglichkeit diesen Einwand erweisen zu können, kann für alle Fälle zugegeben werden, und deswegen ist auch der auf Grund der absichtlichen Verletzung mehrerer Rechte gegründete Strafantrag, mehrere Verbrechen zu bestrafen, der Möglichkeit ausgesetzt, durch einen Gegenbeweis entkräftet zu werden. Aber ist deswegen der Umstand, daß mehrere Rechte absichtlich verletzt wurden, nur ein Indicium für das Vorhandensein mehrerer Verbrechen? Ich nehme folgenden Fall: Die Anklage behauptet, der Angeklagte habe vorsätzlich einen Menschen getödtet und beantragt in Folge dessen, den Angeklagten wegen Todtschlages nach St.-G.-B. § 176 zu strafen. Der Angeklagte giebt die ihm von der Anklage zur Last gelegten Thatsachen zu, behauptet dagegen, er habe in Nothwehr gehandelt und führt hiefür einen vollständigen Beweis. Kann nun, so muß gefragt werden, die Möglichkeit des Beweises der Nothwehr zu der Behauptung Veranlassung geben, die erfolgte Tödtung eines Menschen bilde nur ein Indicium für den Todtschlag, beweise nichts mehr und nichts weiter als Ort, Zeit, Gelegenheit, Mittel u. s. w.? Oder die Anklage behauptet, der Angeklagte habe dem NN. wissentlich Hülfe bei einem schweren Diebstahl geleistet und beantragt in Folge dessen den Angeklagten als Theilnehmer an einem schweren Diebstahle nach § 218, 34 No. 2 zu verurtheilen. Wird man behaupten dürfen, die von der Anklage angeführten Thatsachen seien lediglich Indicien für den Begriff „Theilnahme," weil der Angeklagte möglicherweise behaupten und beweisen kann, er sei zu den ihm von der Anklage zur Last gelegten Thätigkeiten durch den NN. gezwungen worden? — Die Antwort auf diese Fragen kann keinem Zweifel und die Begründung derselben keinen erheblichen Schwierigkeiten unterworfen sein. Indicium bezeichnet doch eine Thatsache deren Vorhandensein den Schluß auf eine andere Thatsache gestattet, von deren Existenz die Möglichkeit abhängt irgend einen strafrechtlichen Anspruch geltend zu machen. Die in den voraufgehenden Beispielen durch die Anklage behaupteten Thatsachen sind aber nicht solche, die nur auf andere den Rechtsanspruch begründende Thatsachen schließen lassen, sondern es sind Thatsachen, welche den Rechtsanspruch, daß wegen Todtschlages, wegen Theilnahme an einem schweren Diebstahl eine Verurtheilung erfolge, selbst begründen. Deshalb ist es ganz unmöglich, die absichtliche Tödtung eines Menschen als Indicium des Todtschlages, den wissentlichen Beistand bei Verübung eines Verbrechens als Indicium der Theilnahme zu bezeichnen. — Ich komme jetzt auf die Frage zurück, ob der Umstand, daß mehrere Rechte verletzt wurden, nur als ein Indicium für das Vorhandensein mehrerer Verbrechen anzusehen sei. Die Antwort kann darauf nur die eine sein: Da die Thatsache, daß mehrere Rechte absichtlich verletzt sind, nicht eine solche ist, welche den Schluß auf eine andere Thatsache gestattet, von deren Existenz die Möglichkeit abhängt, eine Verurtheilung wegen mehrerer Verbrechen zu beanspruchen, da vielmehr diese Thatsache den eben erwähnten Anspruch selbst begründet, so folgt daraus, daß der Umstand der absichtlichen Verletzung mehrerer Rechte nicht ein Indicium für den Begriff „mehrere Verbrechen“ ist, sondern ein wesentliches Merkmal dieses Begriffes, ebenso wie die Tödtung eines Menschen kein Indicium sondern ein wesentliches Merkmal des Begriffes „Todtschlag“ ist.

Mit dem eben Gesagten ist aber auch die Frage beantwortet, ob die Thatsache, daß nur ein Recht verletzt ist, als ein bloßes Indicium für das Vorhandensein eines Verbrechens aufgefaßt werden könne. So lange ich ein Recht in seiner Totalität auffasse, ist es nämlich geradezu unmöglich die Begehung mehrerer Verbrechen zu denken. Diese Möglichkeit tritt vielmehr erst dann ein, wenn ich das verletzte Recht in einzelne Theile zerlegt, und jeden dieser Theile als ein selbstständiges Recht denke. Diejenige Anklage also, welche bei Verletzung nur eines Rechtes die Verurtheilung wegen mehrerer Verbrechen beantragt, behauptet in Wahrheit gar nicht die Verletzung eines, sondern die Verletzung mehrerer Rechte. Es unterscheidet sich dieser Fall von dem vorhergehenden nur dadurch, daß in diesem Falle nur ein direkter Gegenbeweis möglich ist, welcher das thema probandum hat: die Theile des einen verletzten Rechts sind nicht, wie die Anklage behauptet, als selbstständige Rechte, sondern lediglich als Theile ein und desselben Rechtes verletzt worden. Und somit glaube ich mich zu der Behauptung berechtigt, daß das Moment **ein verletztes Recht** nicht ein Indicium des Begriffes **ein Verbrechen** ist, sondern ein wesentliches Merkmal desselben.

Es ist mir nicht undenkbar, daß gegen die eben ausgesprochene Ansicht ein Einwand erhoben werden könnte, nämlich der, daß durch dieselbe Präsumtionen im Gebiete des Strafrechts anerkannt würden. Ich präsumire allerdings etwas, aber nur so viel als das Strafrecht zu präsumiren gestattet; ich präsumire nichts weiter als die Existenz eines kriminalistischen Begriffes sobald die wesentlichen Merkmale desselben erwiesen sind. Diese Präsumtion ist aber durchaus nothwendig, wenn man irgend einen Begriff fixiren will. Falls ich nämlich bei der Feststellung des einen Begriffes auch zugleich auf alle diejenigen Veränderungen Rücksicht nehme, welche dieser Begriff durch seine Kombination mit anderen in demselben Rechtsfalle enthaltenen Begriffen erleiden könnte, so bekomme ich keinen einzelnen klaren, bestimmten Begriff, sondern nur irgend eine vage Gestaltung, die sich juristisch nicht verwerthen läßt. Uebrigens will ich noch hinzufügen, daß ich die unbedingte Geltung des Satzes, die Existenz eines kriminalistischen Begriffes sei zu präsumiren, sobald die einzelnen Merkmale desselben erwiesen sind, nur für das materielle Strafrecht behaupte. Für den Proceß mag diese Behauptung den Ausgangspunkt einer Untersuchung bilden, die sich mit der Frage zu beschäftigen hat, ob und in wie weit auf die Möglichkeit eines Gegenbeweises ex officio Rücksicht zu nehmen sei, wenn die wesentlichen Merkmale des der Anklage zu Grunde liegenden Verbrechensbegriffes erwiesen sind. Diese Frage geht uns hier nichts an, da gleichviel wie die Beantwortung derselben lauten mag, doch so viel unzweifelhaft feststeht, daß so lange nicht ein Gegenbeweis — gleichviel von wem — erbracht ist, durch welchen direkt oder indirekt die Wirksamkeit des bereits geführten Beweises vernichtet oder modificirt wird, derjenige Begriff unverändert stehen bleibt, welcher durch die Anklage bewiesen worden ist. —

Und so muß ich denn trotz der Hälschner'schen Gegenausführung bei der Behauptung stehen bleiben, daß zu dem Begriffe ein Verbrechen als wesentliches Merkmal gehöre: ein verletztes Recht. Und da das fortgesetzte Verbrechen eben nur ein Verbrechen ist, so ist auch das Moment ein verletztes Recht als wesentliches Merkmal des fortgesetzten Verbrechens festzuhalten.

Wir haben bisher als wesentliche Merkmale des fortgesetzten Verbrechens folgende drei kennen gelernt: 1) Einheit der Handlung. 2) Einheit der Absicht. 3) Einheit des verletzten Rechts. Aber diese drei Merkmale hat das fortgesetzte Verbrechen lediglich deswegen, weil dasselbe eine Species des generellen Begriffes ein Verbrechen ist und jede Species alle diejenigen Merkmale enthalten muß, welche wesentliche Merkmale des auch diese Species umfassenden Genus sind. Für eine Definition des speciellen Begriffes fortgesetztes Verbrechen haben wir daher bis jetzt nichts weiter gefunden als den Satz: Das fortgesetzte Verbrechen ist ein Verbrechen. Es kommt jetzt darauf an, die den Begriff ein Verbrechen zu dem Begriffe fortgesetztes Verbrechen specialisirenden Merkmale kennen zu lernen.

Hälschner sagt hierüber S. 505: „Als fortgesetztes unterscheidet sich aber das in sich einheitliche Verbrechen von andern nur durch eine eigenthümlich beschaffene Thätigkeit, daß (?) nämlich hier mehrere zeitlich geschiedene Akte vorliegen, von denen jeder einzelne alle zum Thatbestande eines bestimmten Verbrechens gehörige Momente enthält." Ich habe mir alle mögliche Mühe gegeben, den in diesen Worten liegenden Sinn herauszufinden, sollte mir dieses nicht gelungen sein, so ist es jedenfalls nicht meine Schuld. Zunächst wird das Verständniß dieses Satzes — der übrigens den Schwerpunkt der ganzen Untersuchung über das fortgesetzte Verbrechen enthält — dadurch erschwert, daß derselbe undeutsch geschrieben ist. Ich weiß nicht, wovon das durch ein Fragezeichen markirte daß abhängig sein, oder worauf es sich beziehen soll. Zunächst muß ich mir also den obigen Satz in eine grammatikalisch richtige Form bringen. Derselbe hat muthmaßlich lauten sollen: „Das die Unterscheidung zwischen dem fortgesetzten und jedem andern einheitlichen Verbrechen begründende Moment ist nur in einer eigenthümlich beschaffenen Thätigkeit des fortgesetzten Verbrechens zu suchen und zwar besteht die Eigenthümlichkeit derselben darin, daß mehrere zeitlich geschiedene Akte vorliegen, von denen jeder einzelne alle zum Thatbestande eines bestimmten Verbrechens gehörigen Momente enthält." Grammatikalisch dürfte jetzt an diesem Satze nichts auszusetzen sein aber unverständlich bleibt er nichts desto weniger und zwar deswegen, weil das in demselben gebrauchte Wort „Akt" weder an und für sich noch auch in seinem Verhältnisse zu „Thätigkeit" begrifflich bestimmt ist. Ich führte oben eine S. 497 des Hälschner'schen Systems befindliche Stelle an, wo der Ausdruck „einzelne Akte der Thätigkeit" gebraucht wurde und hielt mich dort für berechtigt, die „einzelnen Akte der Thätigkeit" in „einzelne Thätigkeiten" zu verwandeln. Hier sehe ich nun freilich, daß eine solche Veränderung nicht möglich ist, da wir uns ja eine eigenthümlich beschaffene Thätigkeit denken sollen, deren Eigenthümlichkeit darin besteht, daß sie mehrere Akte enthält, von denen jeder einzelne alle zum Thatbestande eines bestimmten Verbrechens gehörigen Momente aufweist. — Dieses Dunkel aufzuklären, weiß ich mir mit nichts anderem zu helfen als mit der Vermuthung, es habe in dem angeführten Satze statt „einer eigenthümlich beschaffenen Thätigkeit" heißen sollen: „die eigenthümlich beschaffene Handlung" und statt der „mehreren Akte" sei zu setzen „mehrere Thätigkeiten." Bringen wir noch diese Veränderungen in den schon veränderten Satz, so würde derselbe lauten: „Das die Unterscheidung zwischen dem fortgesetzten und jedem andern einheitlichen Verbrechen begründende Moment, ist nur in der eigenthümlichen Beschaffenheit der Handlung zu suchen und zwar besteht die Eigenthümlichkeit derselben darin, daß mehrere zeitlich geschiedene Thätigkeiten vorliegen, von denen jede einzelne alle zum Thatbestande eines bestimmten Verbrechens gehörigen Momente enthält." Jetzt ist der obige Satz nicht nur grammatikalisch richtig, sondern auch verständlich, aber freilich kann ich nur sagen, ich vermuthe, daß Hälschner diesen Sinn in seine Worte habe legen wollen. Ich muß also meine weitere Untersuchung lediglich auf die Annahme stützen, Hälschner habe dasjenige wirklich gesagt, was in dem zuletzt aufgestellten Satze gesagt ist.

Angenommen also Hälschner hätte dieses gesagt, so müßte daran noch zweierlei ausgesetzt werden. Zunächst würde es überflüssig sein, eine Eigenthümlichkeit der fortgesetzten verbrecherischen Handlung darin zu finden, daß dieselbe aus mehreren zeitlich geschiedenen Thätigkeiten besteht. Denn das ist keine Eigenthümlichkeit des fortgesetzten Verbrechens, daß die einzelnen Thätigkeiten aus denen die Handlung desselben besteht, zeitlich geschieden sind. Dies ist vielmehr bei jedem Verbrechen der Fall und muß bei jedem Verbrechen der Fall sein aus dem sehr einfachen Grunde, weil die einzelnen zur Realisirung eines bestimmten Verbrechens unternommenen Thätigkeiten auf einander folgen, woraus sich die zeitliche Geschiedenheit derselben ganz von selbst ergiebt. Dieses Merkmal kann daher als ein überflüssiges für die Begriffsbestimmung des fortgesetzten Verbrechens ganz außer Acht gelassen werden.

Sodann bleibt noch ein Zweifel übrig. Angenommen nämlich die Eigenthümlichkeit des fortgesetzten Verbrechens bestehe darin, daß die Handlung desselben mehrere Thätigkeiten enthält, von denen jede einzelne alle zum Thatbestande eines bestimmten Verbrechens gehörigen Momente enthält; soll das heißen, daß die Handlung des fortgesetzten Verbrechens mehrere Thätigkeiten enthält, von denen jede einzelne die eben berührte Eigenschaft hat, oder soll damit gesagt sein, daß unter den vielen Thätigkeiten, welche in ihrer Gesammtheit die Handlung des fortgesetzten Verbrechens ausmachen, nur einige, mehrere, die oben bezeichnete Eigenschaft haben? Und sollte letzteres der Fall sein, wie viele derartiger Thätigkeiten müßte das fortgesetzte Verbrechen mindestens aufzuweisen haben?

Um diesen Zweifel zu beseitigen gehen wir zweckmäßig von einem Beispiele aus. X. hat erfahren, daß in irgend einem Stalle 30 Stück Schafe stehen, welche von dem Eigenthümer schlecht bewacht, leicht gestohlen werden könnten. X. beabsichtigt den Diebstahl an diesen 30 Schafen. Zu diesem Zwecke begiebt er sich nach dem Gehöft, in welchem die Thiere stehen, durch allerlei Vorwände verschafft er sich die erforderliche Kenntniß von der Lokalität, von der Art und Weise, wie der betreffende Stall verschlossen ist u. s. w. u. s. w.

Nach seinem Wohnorte zurückgekehrt, verschafft er sich die zur Ausführung des Diebstahls erforderlichen Werkzeuge, geht dann in der Nacht an den Ort, wo der Diebstahl ausgeführt werden soll, erbricht den Stall, ergreift eins von den Schafen und trägt dasselbe fort. Am zweiten Tage trifft der Thäter etwas umfassendere Vorkehrungen, so daß es ihm gelingt 10 Schafe fortzubringen und am dritten Tage wird es ihm möglich, durch Anwendung noch neuer Mittel den ganzen Rest auf einmal fortzuschaffen. — Hier ist eine große Menge von Thätigkeiten unternommen, welche alle durch die eine Absicht des Thäters, die 30 Schafe zu stehlen, zu einer Handlung verbunden werden. Aber keineswegs sind alle diese Thätigkeiten von gleicher Art und Beschaffenheit, vielmehr zeichnen sich unter allen die drei Apprehensions-Thätigkeiten aus, durch deren jede ein Theil, durch deren Gesammtheit das ganze durch dreißig Schafe repräsentirte Vermögensrecht des Bestohlenen verletzt wurde. — Wenn wir nun jede einzelne dieser Apprehensions-Thätigkeiten mit den derselben voraufgehenden Thätigkeiten zu einem selbständigen Ganzen zusammenfassen, so sondern wir dadurch in der Handlung des einen Verbrechens drei Kategorieen von Thätigkeiten. Jede dieser drei Kategorieen enthält, wenn wir dieselbe rein objektiv betrachten, also von der Absicht des Thäters ganz absehen, deswegen die Merkmale eines selbständigen Verbrechens, weil jede derselben durch eine rechtsverletzende Thätigkeit abgeschlossen wird. Das Kriterium aber dafür, daß in der Handlung eines Verbrechens mehrere derartige Kategorieen enthalten sind, besteht lediglich in dem Vorhandensein mehrerer rechtsverletzender Thätigkeiten. Deswegen, weil das voraufgehende Beispiel eine Handlung aufwies, welche mehrere rechtsverletzende Thätigkeiten enthält, müssen wir in demselben ein Beispiel von einem fortgesetzten Verbrechen erblicken. Denn verändere ich das angeführte Beispiel in folgender Weise: Es soll dem Thäter durch Anwendung irgend welcher Mittel möglich geworden sein, gleich am ersten Tage alle dreißig Schafe auf einmal fortzutreiben, so würde man in dem so veränderten Beispiele nur noch eine rechtsverletzende Thätigkeit, aber deswegen auch nicht mehr ein fortgesetztes Verbrechen erblicken können.

Somit würden wir also die Eigenthümlichkeit der Handlung

des fortgesetzten Verbrechens darin gefunden haben, daß dieselbe mehr als eine rechtsverletzende Thätigkeit enthält. Für die Aufstellung einer Definition des fortgesetzten Verbrechens brauchen wir also nicht mehr dabei stehen zu bleiben, daß das fortgesetzte Verbrechen ein Verbrechen sei, sondern können jetzt schon Folgendes sagen: Das fortgesetzte Verbrechen ist ein Verbrechen, dessen Handlung mehr als eine rechtsverletzende Thätigkeit enthält.

Diesen Satz nehme ich aber Anstand als Definition des fortgesetzten Verbrechens hinzustellen, weil ich von einer Definition die wesentlichen Merkmale des zu definirenden Begriffes verlange, nicht aber die bloßen Folgen, die äußerlich erkennbaren Wirkungen eines oder des anderen dieser Momente. Ich behaupte nun, der Umstand, daß die Handlung des fortgesetzten Verbrechens mehr als eine rechtsverletzende Thätigkeit enthält, ist nur die Folge eines wesentlichen Momentes des fortgesetzten Verbrechens, ohne dessen Vorhandensein die Handlung desselben schlechterdings nicht die eben angegebene Beschaffenheit haben könnte. Auf dieses Moment kommt es an, und dieses wird als wesentliches jedenfalls in die Definition des fortgesetzten Verbrechens aufgenommen werden müssen. — Die Frage nämlich ob eine verbrecherische Handlung mehr als eine rechtsverletzende Thätigkeit enthalten könne, wird lediglich durch die Natur des einen angegriffenen Rechts entschieden. Ist dieses nämlich so beschaffen, daß es, wie z. B. das menschliche Leben entweder nur als vorhanden oder als nicht vorhanden gedacht werden kann, so kann auch die gegen ein derartiges Recht gerichtete verbrecherische Handlung schlechterdings nur eine rechtsverletzende Thätigkeit enthalten. Wenn dagegen das angegriffene Recht nicht blos als vorhanden oder nichtvorhanden, sondern auch als zum Theil vorhanden gedacht werden kann, wie z. B. das Vermögen, die Gesundheit, die Ehre, die Freiheit eines Menschen, so folgt aus der Beschaffenheit dieses Rechtes daß die gegen eins derselben gerichtete verbrecherische Handlung mehrere rechtsverletzende Thätigkeiten, deren jede einen Theil des angegriffenen Rechtes vernichtet, enthalten kann.

Aus diesem Grunde hatte ich schon in meiner früheren Arbeit (Goltd. Archiv III. S. 621) darauf hingewiesen, daß ein wesentliches Erforderniß des fortgesetzten Verbrechens die Theilbarkeit des angegriffenen Rechtes sei, unter Theilbarkeit des Rechtes aber die Eigenschaft desselben verstanden werden müsse, vermöge deren es möglich sei, das angegriffene Recht in einzelnen Theilen vernichten zu können. Hälschner meint (S. 507 not. 57), es sei besser statt des Ausdruckes „theilbares Recht" den Ausdruck „quantitativ bestimmbares Recht" zu wählen. Dieser Verbesserung kann ich in keiner Weise beistimmen. Dem gewöhnlichen Sprachgebrauche nach müßte man unter quantitativ bestimmbar etwas nach Maß und Gewicht zu bestimmendes bezeichnen. Nun giebt es manches Rechtsverhältniß, wie z. B. das Eigenthum an einem Thalerstück, welches sich sehr wohl quantitativ bestimmen läßt, doch aber nimmermehr durch ein fortgesetztes Verbrechen verletzt werden kann, weil es trotz der quantitativen Bestimmbarkeit nicht theilbar ist. Es hätte also mindestens heißen müssen, ein in seinen Theilen quantitativ bestimmbares Recht. Damit würden aber die möglichen Objekte des fortgesetzten Verbrechens lediglich auf Vermögensrechte beschränkt werden, weil außer diesen wohl schwerlich ein in seinen Theilen quantitativ bestimmbares Recht gedacht werden könnte. Daß diese Beschränkung nicht gerechtfertigt sein würde, ist oben wenigstens vorläufig angedeutet und wird dieses durch die weiter unten mitzutheilende Kasuistik noch näher zu begründen sein.

Die Theilbarkeit des angegriffenen Rechts ist somit die Ursache davon, daß die Handlung des fortgesetzten Verbrechens mehr als eine rechtsverletzende Thätigkeit enthält und deswegen glaube ich, muß dieses Moment in eine Definition des fortgesetzten Verbrechens aufgenommen werden. Ich würde also zu sagen haben: Das fortgesetzte Verbrechen ist ein Verbrechen, dessen Angriffsobjekt ein theilbares Recht ist.

Doch wir haben schon oben gesehen, daß ein theilbares Recht zwar durch mehr als eine rechtsverletzende Thätigkeit vernichtet werden kann, daß es aber auch ebensogut möglich ist, dasselbe durch eine einzige rechtsverletzende Thätigkeit zu vernichten und daß in diesem Falle von einem fortgesetzten Verbrechen nicht gesprochen werden könne. Die Definition des fortgesetzten Verbrechens muß somit nicht nur sagen, daß das Angriffsobjekt ein theilbares Recht sei, es muß dieselbe auch ausdrücken, daß dieses theilbare Recht durch mehr als eine rechtsverletzende Thätigkeit vernichtet werde. Daraus würde sich dann als Definition des fortgesetzten Verbrechens ergeben:

Das fortgesetzte Verbrechen ist ein Verbrechen, dessen Angriffsobjekt ein theilbares Recht ist und dessen Handlung mehr als eine rechtsverletzende Thätigkeit enthält.

Ehe ich aus diesem Resultate weitere Konsequenzen ziehe, muß ich noch einen Umstand berühren. Ich führte oben bereits eine Stelle (S. 508) des Hälschner'schen Systems an, woselbst gesagt wurde, Gleichartigkeit der Akte und Einheit des Objektes hätten nur die Bedeutung, Hülfsmittel für den Beweis der einheitlichen Absicht zu sein. Ueber die Einheit des Objektes ist das Erforderliche bereits gesagt. Hier bleibt nur noch übrig etwas über die Gleichartigkeit der Akte zu sagen. Fragen wir zunächst, was in dem fortgesetzten Verbrechen gleichartig ist? Jedenfalls sind die verletzten Theile des angegriffenen Rechts gleichartig, weil es eben Theile ein und desselben Ganzen sind. Daraus folgt dann auch weiter mit Nothwendigkeit, daß, soweit die Natur des zu Verletzenden einen Einfluß äußert auf die Art der Verletzung, dieser Einfluß auch bei den verschiedenen rechtsverletzenden Thätigkeiten sich zeigen werde, d. h. die verschiedenen rechtsverletzenden Thätigkeiten des fortgesetzten Verbrechens müssen schlechterdings deswegen etwas Uebereinstimmendes, etwas Gleichartiges haben, weil die verletzten Theile des angegriffenen Rechts selbst gleichartig sind. Wir können hier noch einen Schritt weiter gehen. Es wurde doch oben gezeigt, daß in der Handlung des fortgesetzten Verbrechens mehrere Kategorieen von Thätigkeiten enthalten seien, deren jede rein objektiv betrachtet, die Merkmale eines selbständigen Verbrechens deswegen enthält, weil jede derselben durch eine rechtsverletzende Thätigkeit abgeschlossen wird. Müssen wir nun behaupten, daß zwei Verbrechen deswegen und in so weit gleichartig sind, als das Angriffsobjekt für jedes derselben von gleicher Art ist, so müssen wir auch für die einzelnen Thätigkeits-Kategorieen des fortgesetzten Verbrechens die Gleichartigkeit deswegen und in soweit behaupten als jede derselben gegen ein gleichartiges Angriffsobjekt, nämlich gegen einen Theil ein und desselben Rechtes gerichtet ist. — Das Moment der

Gleichartigkeit noch weiter auszudehnen als eben geschehen ist, würde durch nichts gerechtfertigt sein, da jede weitere noch etwa vorkommende Gleichartigkeit als etwas durchaus Zufälliges betrachtet werden müßte. Soweit aber die Gleichartigkeit für das fortgesetzte Verbrechen zu behaupten ist, stellt sie sich als die nothwendige Folge anderer in die Definition des fortgesetzten Verbrechens schon aufgenommener Momente dar. Denn diese Gleichartigkeit muß überall da eintreten wo ein theilbares Recht durch mehr als eine rechtsverletzende Thätigkeit verletzt wird; und aus diesem Grunde ist bei der Definition des fortgesetzten Verbrechens von der eben erwähnten Gleichartigkeit als einem sich von selbst verstehenden und folglich für die Definition überflüssigen Momente gänzlich abzusehen.

Ja selbst als Hülfsmittel für den Beweis nimmt eine festgestellte Gleichartigkeit rechtsverletzender Thätigkeiten gar keinen hervorragenden Karakter an. Denn es ist damit nichts weiter bewiesen als die Gleichartigkeit der Angriffsobjekte. Die Frage aber, ob diese Gleichartigkeit dadurch bedingt werde, daß zwei verschiedene wenn auch gleichartige Rechte verletzt sind oder ob dadurch, daß mehrere Theile ein und desselben Rechts, also gerade diejenige Frage, welche über die Existenz des fortgesetzten Verbrechens wesentlich entscheidet, kann durch die erwähnte Gleichartigkeit nicht beantwortet werden.

Wir dürfen also, wie ich glaube, bei der oben aufgestellten Definition stehen bleiben: Das fortgesetzte Verbrechen ist ein Verbrechen, dessen Angriffsobjekt ein theilbares Recht ist und dessen Handlung mehr als eine rechtsverletzende Thätigkeit enthält.

Diese Definition führt nun aber zu folgenden einzelnen Konsequenzen:

1. Falls mehr als ein Recht verletzt ist, kann die Bestrafung eines fortgesetzten Verbrechens nicht stattfinden. In welcher Weise diese Regel durch einen etwaigen Irrthum des Thäters modificirt werden kann, ist oben angegeben.

2. Falls ein untheilbares Recht verletzt ist, kann von einem fortgesetzten Verbrechen nicht die Rede sein; dies ist nnr dann möglich, wenn ein theilbares Recht verletzt wurde.

3. Falls ein theilbares Recht verletzt wurde, aber nur eine rechtsverletzende Thätigkeit vorliegt, so ist der Begriff des fortgesetzten Verbrechens ausgeschlossen, da zu demselben mehr als eine rechtsverletzende Thätigkeit gehört.

4. Falls ein theilbares Recht durch mehr als eine rechtsverletzende Thätigkeit verletzt wurde, welche nicht Bestandtheile ein und desselben Verbrechens sind, so kann von einem fortgesetzten Verbrechen auch nicht die Rede sein, da dasselbe eben nur ein Verbrechen ist, woraus von selbst folgt, daß auch nur von einer Handlung, von einer Absicht die Rede sein kann.

Aus diesen vier Grundsätzen folgt dann, daß zum Zwecke der Bestrafung wegen eines fortgesetzten Verbrechens thatsächlich festgestellt sein muß: 1. Als Angriffsobjekt ein theilbares Recht. 2. Mehr als eine rechtsverletzende Thätigkeit. 3. Einheit der Absicht — durch welche letztere die mehreren rechtsverletzenden Thätigkeiten zu einer Handlung verbunden werden.

Die vorstehenden Ausführungen habe ich zunächst gegen einen wenigstens wahrscheinlichen doktrinären Einwand in Schutz zu nehmen. Die ganze Untersuchung stützt sich nämlich wie gewissermaßen auf ein Axiom auf die Annahme, daß zu dem Begriffe eines jeden Verbrechens nothwendigerweise ein angegriffenes Recht gehöre. Nun ist diese Annahme selbst in der Theorie eine kontroverse, woraus denn von selbst folgt, daß alle Gegner des Satzes: Zu einem jeden Verbrechen gehört ein angegriffenes Recht — auch meiner Theorie von dem fortgesetzten Verbrechen entgegentreten werden, weil dieselbe die Richtigkeit dieses Satzes mit zu ihrer Voraussetzung hat. Ich könnte dieses Bedenken durch die eine Bemerkung zum Schweigen bringen, daß, da doch ganz unbestreitbar wenigstens zu sehr vielen Verbrechen ein angegriffenes Recht gehöre, meine Theorie von dem fortgesetzten Verbrechen sich nur auf diese Verbrechen beziehe; daß kein praktisches Bedürfniß vorhanden sei, dieselbe auch noch auf andere Verbrechen auszudehnen. Hiedurch könnte ich vielleicht ein Bedenken beschwichtigen aber unmöglich beseitigen. Zu diesem Zwecke ist noch Folgendes anzuführen. Will man alle Handlungen ohne Unterschied, welche die Gesetze mit Strafen bedrohen, unter dem gemeinschaftlichen Namen Verbrechen (Vergehen, Uebertretung) zusammenfassen, so würde ich gegen eine solche Terminologie nichts einwenden, weil schließlich kein Theoretiker im Stande sein würde, eine Bezeichnung, für welche sich einmal der allgemeine Sprachgebrauch entschieden haben sollte, zu verdrängen. Aber auf Folgendes kann sehr wohl aufmerksam gemacht werden, nämlich darauf, daß nach dieser Bezeichnung der Begriff des Verbrechens durch nichts anderes bestimmt wird, als durch das gegen diese Handlungen benutzte Reaktionsmittel. Aus der Gleichartigkeit des angewandten Reaktionsmittels folgt aber noch gar nichts für die Gleichartigkeit der Handlungen gegen welche der praktischen Erfahrung gemäß das gleiche Reaktionsmittel verwandt werden kann. — Ich will versuchen, mich durch ein Gleichniß verständlicher zu machen. Ein und dasselbe Medikament kann gegen sehr viele Krankheiten verwandt werden. Alle diese Krankheiten haben dann allerdings die gemeinschaftliche Eigenschaft, daß sie mit Hülfe ein und desselben Heilmittels gelindert, beseitigt werden können. Folgt aber aus dieser einen gemeinschaftlichen Eigenschaft, daß alle diese Krankheiten gleicher Natur sind? Ganz gewiß nicht. Und ebensowenig folgt aus der Gleichartigkeit des gegen sehr viele Handlungen empirisch brauchbar befundenen Reaktionsmittels, daß alle diese Handlungen von ein und derselben Art und Beschaffenheit sein müssen. Die Behauptung wird gerechtfertigt sein, daß über die gleichartige oder verschiedenartige Natur der mit Strafe bedrohten Handlungen lediglich die Natur dieser Handlungen selbst entscheiden kann. Und so sind es denn auch in der That drei von einander durchaus verschiedene Klassen von Handlungen, welche sämmtlich mit Strafe bedroht werden. Es sind dies 1) rechtsverletzende Handlungen, 2) gefährliche Handlungen, 3) unsittliche Handlungen. Will man nun für alle drei Klassen den Ausdruck Verbrechen benutzen, so glaube ich diesen Ausdruck durch einen kleinen Zusatz modificiren und in diesem Falle von Verbrechen im weiteren Sinne des Wortes sprechen zu dürfen. Im Gegensatze hievon will ich unter dem Ausdrucke Verbrechen im engeren Sinne des Wortes oder Verbrechen schlechthin, lediglich die unter 1) angeführte Klasse der strafbaren Handlungen nämlich die strafbaren rechtsverletzenden Handlungen verstehen. Bisher habe ich unter dem Worte Verbrechen immer nur das eben bezeichnete Verbrechen im engeren Sinne des Wortes verstanden und werde auch im weiteren Verlaufe dieser Abhandlung, wenn ich schlechthin von Verbrechen rede, niemals etwas anderes unter diesem Worte verstehen.

Nachdem dieses vorausgeschickt ist, muß zur Beseitigung des oben angeführten Bedenkens zunächst die Frage aufgeworfen werden, ob es an und für sich denkbar sei, daß gefährliche und unsittliche Handlungen in einer dem fortgesetzten Verbrechen analogen Form begangen werden können. Die Eigenthümlichkeit des fortgesetzten Verbrechens bestand doch darin, daß wegen der Theilbarkeit des angegriffenen Rechts die verbrecherische Handlung mehr als eine rechtsverletzende Thätigkeit enthalten konnte. Sollen wir also das fortgesetzte Verbrechen auf die gefährlichen und unsittlichen Handlungen übertragen, so müssen auch diese nicht blos überhaupt Angriffsobjekte, sondern auch durch verschiedene Thätigkeiten in ihren einzelnen Theilen verletzbare Angriffsobjekte haben. Nun läßt sich als Angriffsobjekt der gefährlichen Handlung nichts anderes denken als die Sicherheit, als Angriffsobjekt der unsittlichen Handlung nichts anderes als die Sittlichkeit. Die Absicht des Thäters bei Vornahme einer gefährlichen Handlung ist darauf gerichtet, die Sicherheit, bei Vornahme einer unsittlichen Handlung, die Sittlichkeit zu verletzen. Betrachten wir nun mit Bezug auf die obige Frage die gefährliche und die unsittliche Handlung jede für sich.

Soll die gefährliche Handlung in einer dem fortgesetzten Verbrechen analogen Form vorkommen, so muß der Thäter, da es nicht verschieden geartete, sondern nur verschieden große Gefahren giebt, ein bestimmtes Quantum Sicherheit zu verletzen beabsichtigen, es muß ferner dieses Quantum Sicherheit aus verschiedenen Theilen bestehend gedacht werden, von denen jeder einzelne durch eine besondere gefährliche Thätigkeit verletzt werden kann. Undenkbar ist nicht gerade ein solcher Fall. Ich wähle als Beispiel § 345 No. 6 des Preußischen Strafgesetzbuches: Mit Geldbuße bis zu 50 Rthlr. oder Gefängniß bis zu sechs Wochen soll derjenige gestraft werden, welcher „ohne polizeiliche Erlaubniß an bewohnten oder von Menschen besuchten Orten Selbstgeschosse, Schlageisen oder Fußangeln legt, oder an solchen Orten mit Feuergewehr oder anderem Schießwerkzeug schießt." Angenommen nun der Thäter hätte die Sicherheit durch das Legen von Fußangeln anzugreifen beabsichtigt und zwar in einem solchen Umfange, daß die Größe der Gefahr dem Legen von sechs Fußangeln entspricht. Das Legen jeder einzelnen Fußangel würde man in diesem Falle als eine gefährliche Thätigkeit betrachten, und die sechs gefährlichen Thätigkeiten als Bestandtheile einer Handlung auffassen müssen, da dieselben durch eine und dieselbe Absicht des Thäters vereinigt würden. Somit könnte also von einer fortgesetzten gefährlichen Handlung gesprochen werden. Aber diese Annahme stützt sich auf die nothwendige Voraussetzung, daß die herbeizuführende Unsicherheit ihrer Größe nach von dem Thäter bestimmt, daß durch jede neue gefährliche Thätigkeit die Unsicherheit eine immer größere werde. Für die bei weitem meisten Fälle wird man aber behaupten dürfen, daß, obwohl die Verletzung der Sicherheit überhaupt beabsichtigt wurde, doch über das beabsichtigte Quantum von Unsicherheit nichts bestimmtes beabsichtigt werden konnte. Denn bei der beabsichtigten Rechtsverletzung bestimmt sich die Größe der Rechtsverletzung lediglich durch den Willen des Handelnden, bei der beabsichtigten Verletzung der Sicherheit dagegen die Größe der Unsicherheit durch so sehr viele Nebenumstände und Zufälligkeiten, daß über die Größe der von ihm bewirkten Unsicherheit der Thäter wenn überhaupt, so doch nur in einem äußerst geringen Grade zu entscheiden im Stande ist. Kann aber in den meisten Fällen eine gefährliche Handlung nicht als Angriffshandlung gegen einen bestimmt großen Theil der Sicherheit aufgefaßt werden, so ist es noch weniger denkbar, daß die bestimmt große Unsicherheit erst nach und nach durch die einzelnen gefährlichen Thätigkeiten herbeigeführt werde. — Es weist aber dieser Umstand auf einen anderen zurück, nämlich auf den, daß es nur dann denkbar ist mehrere gefährliche Thätigkeiten unter einer Absicht zusammenzufassen, wenn der Thäter wirklich eine bestimmt große Unsicherheit zu beabsichtigen im Stande war. So lange und so oft dieses nicht möglich ist, wird man in jeder einzelnen gefährlichen Thätigkeit nur die Absicht erblicken können, überhaupt Unsicherheit herbeizuführen, man wird in jeder neuen gefährlichen Thätigkeit die Absicht erkennen, die schon einmal angegriffene

Sicherheit von Neuem anzugreifen, man wird also fast überall jede einzelne gefährliche Thätigkeit auf eine besondere gefährliche Absicht und somit auch auf eine besondere gefährliche Handlung beziehen müssen. Ich glaube daher auch in der angeführten Gesetzesstelle des Preußischen Strafgesetzbuches eine Strafbestimmung sowohl für den Fall einer wie auch für den Fall der Konkurrenz mehrerer gefährlicher Handlungen zu erblicken. — Indem ich aber in dem Vorgehenden auszuführen versuchte, welche Voraussetzungen erfüllt sein müßten, um von einer fortgesetzten gefährlichen Handlung sprechen zu können, so glaube ich damit auch den Beweis geliefert zu haben, daß kaum eine Veranlassung vorhanden ist, den Begriff des fortgesetzten Verbrechens auf gefährliche Handlungen zu übertragen. —

Zu einem anderen Resultate kann aber auch die Betrachtung der strafbaren unsittlichen Handlungen nicht führen. Die Absicht, die Sittlichkeit verletzen zu wollen, muß jeder unsittlichen Handlung zu Grunde liegen. Es ist auch zuzugeben daß die Größe der beabsichtigten Unsittlichkeit durch den Willen der Handelnden bestimmt wird. Als fortgesetzte unsittliche Handlung müßte man diejenige bezeichnen, welche die beabsichtigte Unsittlichkeit durch mehr als eine unsittliche Thätigkeit herbeiführte. Ich will nicht behaupten, daß ein solcher Fall geradezu undenkbar sei, aber schwer denkbar ist er jedenfalls. Und somit glaube ich nichts Ungerechtfertigtes zu behaupten, wenn ich sage, daß die Praxis ein so überwiegendes Interesse für das fortgesetzte Verbrechen im Gegensatze zu den fortgesetzten gefährlichen und unsittlichen Handlungen hat, daß eine theoretische Untersuchung sich damit begnügen darf, wenn sie die Merkmale, an welchen letztere für den etwaigen Fall ihres Vorkommens erkannt werden können, bezeichnet und sich im Uebrigen auf das fortgesetzte Verbrechen beschränkt.

Doch ich habe nicht blos die Anerkennung der Theorie zu erstreben, mein Wunsch geht namentlich auch dahin, der Praxis eine zur Begriffsbestimmung des fortgesetzten Verbrechens brauchbare Definition geliefert zu haben. Und in dieser Hinsicht habe ich noch einiges anzumerken. — Die Praxis braucht den Begriff des fortgesetzten Verbrechens, weil diese Form des einen Verbrechens manche äußere Aehnlichkeit mit der Verbrechenskonkurrenz hat und daraus das Bedürfniß entsteht, den wesentlichen Unterschied beider Begriffe trotz der scheinbaren Uebereinstimmung derselben festzustellen. Deshalb ist es auch ganz gerechtfertigt, daß für die Preußische Praxis das Ober-Tribunal das Bedürfniß einer Definition des fortgesetzten Verbrechens thatsächlich anerkannt hat. Das Gesetz hat diese Definition zu geben als außer seiner Kompetenz liegend mit Recht unterlassen. Von dem, was die Doktrin bis jetzt geschaffen, hat sich das Ober-Tribunal an Mittermaier (§ 128a. des Feuerbach'schen Lehrbuchs) im Wesentlichen angeschlossen. Diese Begriffsbestimmung des fortgesetzten Verbrechens — „daß das wahre Merkmal des fortgesetzten Verbrechens in der zusammentreffenden Einheit des verbrecherischen Entschlusses und der That bestehe, so daß die mehreren strafbaren Handlungen als fortschreitende Ausführung einer That erscheinen" — hatte ich schon in meiner früheren Arbeit als eine nicht nur unverständliche sondern auch als eine solche bezeichnet, welche zu fehlerhaften Entscheidungen führen müsse. Dieses muß ich jetzt wiederholentlich behaupten und ich freue mich, daß Hälschner, welcher diese Definition als eine gänzlich verfehlte bezeichnet, in diesem Punkte mit mir so vollkommen einer Meinung ist. — Oppenhoff zu § 56 n. 1. scheint derselben Ansicht zu sein, indem er behauptete, es sei bisher noch Niemandem gelungen, eine irgendwie genügende Definition des fortgesetzten Verbrechens aufzustellen, welche bei der praktischen Anwendung zum Grunde gelegt werden könnte. Indem ich den Ausweg, den dieser Lage der Dinge gegenüber Oppenhoff empfiehlt, noch weiter unten besprechen werde, erwähne ich den Ausspruch dieses gewiegten Praktikers an dieser Stelle nur deswegen, weil derselbe wohl geeignet ist, meine Stellung etwas bedenklich erscheinen zu lassen, indem ich eine Definition des fortgesetzten Verbrechens darbiete, von der ich glaube, daß sie der praktischen Anwendung zum Grunde gelegt werden könnte. Ob meine Definition diesen Anforderungen genügen wird, hängt aber zum großen Theil davon ab, ob die in derselben gebrauchten Ausdrücke richtig aufgefaßt werden. Wenn die Definition lautete: Das fortgesetzte Verbrechen ist ein Verbrechen, dessen Angriffsobjekt ein theilbares Recht ist, und dessen Handlung mehr als eine rechtsverletzende Thätigkeit enthält, so wird diese Definition allerdings nur dann praktisch verwendet werden können, wenn der Praktiker weiß, was unter den einzelnen Momenten derselben, ein Verbrechen, theilbares Recht, Handlung, rechtsverletzende Thätigkeit, zu verstehen ist. Dazu dient aber die voraufgehende Untersuchung, als deren Resultat sich diese Definition ergab. Juristische Definitionen sind die Formeln, welche der Theoretiker der Praxis bietet in derselben Weise wie der Mathematiker seine Formeln dem Rechner entwickelt. Stellt nun beispielsweise der Mathematiker die Formel $r^2\pi$ hin, so darf er von dem Rechner verlangen, daß er entweder schon weiß was die einzelnen Glieder dieser Formel und die unmittelbare Nebeneinanderstellung von r^2 und π bedeute, oder daß er es wenigstens aus derjenigen Untersuchung lerne, aus welcher sich diese Formel als Resultat ergab. Dem Mathematiker wird niemand das Recht bestreiten eine solche Anforderung zu stellen. Will man dem juristischen Theoretiker das Recht, die gleiche Anforderung hinsichtlich seiner Formel zu stellen, bestreiten und dennoch von ihm verlangen, er solle etwas für die Praxis Brauchbares liefern, so verlangt man von ihm eine Unmöglichkeit. — Oppenhoff glaubt nun jeder Begriffsbestimmung des fortgesetzten Verbrechens entbehren zu können, da es nach dem Gesetze nur darauf ankomme, ob eine oder ob mehrere Handlungen vorliegen und diese Untersuchung werde eine wesentlich thatsächliche sein. — Die gute thatsächliche Feststellung, die zwei Vortheile gewährt, von denen jeder einzelne schon ausreichend sein würde, sie jedem Praktiker als den liebsten Freund in der Noth erscheinen zu lassen; braucht man doch bei der thatsächlichen Feststellung keine Entscheidungsgründe und entzieht sich doch dieselbe der Prüfung des Nichtigkeitsrichters! — Aber angenommen, es komme lediglich auf die thatsächliche Feststellung an, was ist mit dieser Behauptung gewonnen? A ist von dem B dreimal bestohlen; es soll thatsächlich festgestellt werden, ob das dreimalige Stehlen eine, zwei oder drei verbrecherische Handlungen darstelle. — Wie soll nun die thatsächliche Feststellung erfolgen, wenn der Richter nicht weiß, welche Merkmale der konkrete Fall darbieten müsse, falls in demselben nur ein, und welche, falls in demselben mehr als ein Verbrechen erkannt werden soll. Und wenn auch dieses Bedenken für die zur Kompetenz der Gerichtsabtheilungen gehörenden Sachen ohne viel Schwierigkeiten zu umgehen sein sollte, so fällt es für die zur Kompetenz der Schwurgerichte gehörenden Sachen desto schwerer ins Gewicht. Denn jetzt fällt die „thatsächliche Feststellung" den Geschwornen anheim und der vorsitzende Richter, der es nicht weiß, wie sich mehrere verbrecherische Handlungen von einer verbrecherischen Handlung mit mehreren rechtsverletzenden Thätigkeiten unterscheidet, ist ebenso unfähig richtige Fragen an die Geschwornen zu stellen, als eine sachgemäße, das richtige Verdikt ermöglichende Information zu geben. Aus diesen Gründen ist mit der Berufung auf die „thatsächliche Feststellung" gar nichts gewonnen.

Ehe ich die von mir gelieferte Definition des fortgesetzten Verbrechens hinsichtlich ihrer praktischen Brauchbarkeit an einzelnen Rechtsfällen prüfe, ist zunächst noch über die Bestrafung des fortgesetzten Verbrechens zu handeln.

§ 3.

Bestrafung des fortgesetzten Verbrechens.

Vorauszuschicken ist, daß, da das Preußische Strafgesetzbuch das fortgesetzte Verbrechen gar nicht erwähnt, dasselbe in der Praxis weder als Strafschärfungs- noch als Strafmilderungsgrund, sondern lediglich als Strafzumessungsgrund benutzt werden kann. Damit ist nun aber die Sache nicht abgemacht. Es fragt sich nämlich ob das fortgesetzte Verbrechen überhaupt und in welcher Weise als Strafzumessungsgrund bedeutsam wird, eine Frage die deswegen eine um so größere Wichtigkeit erlangt, weil auch die mildernden Umstände des Preußischen Strafgesetzbuches lediglich den Karakter von Strafzumessungsgründen haben. Nun ist es allerdings richtig, daß der Richter im Gebiete der Strafzumessung sich vollständig frei bewegen darf, daß es keinen Strafzumessungsgrund giebt, welchen der Richter überhaupt oder nach einer bestimmten Richtung hin zu benutzen gesetzlich gezwungen werden könnte. Wohl aber üben die Strafzumessungsgründe einen moralischen Zwang auf den gewissenhaften Richter und bei der Unbestimmtheit der Lehre von den Strafzumessungsgründen ist es vielleicht keine undankbare Arbeit, den Einfluß eines derselben auf die Strafzumessung wissenschaftlich festzustellen. Es ist aber noch weiter anzuführen, daß, wenn diese Arbeit auch wesentlich von den Bestimmungen des Preußischen Strafgesetzbuches ausgeht, ich doch keineswegs der Meinung bin, die wissenschaftliche Untersuchung durch die positiven Bestimmungen des Gesetzbuches irgend wie begrenzen zu wollen. Wenn das Preußische Strafgesetzbuch den Umstand, daß ein Verbrechen in der Form des fortgesetzten Verbrechens begangen wird, lediglich als Strafzumessungsgrund behandelt, so wird dieser Umstand nur dann entscheidend sein, wenn es aus irgend welchen Gründen zweifellos ist, daß das Gesetzbuch hierin Recht hat. Dies läßt sich aber nicht behaupten. Im Gegentheil; es sind Gründe vorhanden, welche einen Zweifel gegen die richtige Auffassung des Preußischen Strafgesetzbuches entstehen lassen. Denn in einzelnen deutschen Gesetzgebungen findet sich die Bestimmung, daß das fortgesetzte Verbrechen entweder einen nothwendig erschwerenden Strafzumessungsgrund oder geradezu einen Strafschärfungsgrund bedingen solle. So bestimmt Bayern Art. 110: „Wird ein Verbrechen an demselben Gegenstande, oder an einer und derselben Person mehrmals begangen, so sind die verschiedenen, das Verbrechen fortsetzenden Handlungen für eine einzige That zu rechnen, doch als beschwerender Umstand bei Ausmessung der Strafe zu berücksichtigen.“ Hannover Art. 106. „Wenn mehrere aufeinander folgende strafbare Handlungen derselben Art, entweder nur als fortschreitende Ausführung eines und desselben verbrecherischen Beschlusses anzusehen, oder in Beziehung auf das nemliche dauernde Verhältniß begangen, oder nur als Bestandtheile und Stufen einer und derselben That zu betrachten sind, so werden die einzelnen Handlungen zwar nur für eine einzige That gerechnet; es ist jedoch diese Fortsetzung bei Bestimmung der Strafe als ein besonderer Erschwerungsgrund zu berücksichtigen.“ Diese Bestimmung des Hannoverschen Gesetzbuches ist aus dem Entwurfe desselben auch in den Entwurf des Preußischen Strafgesetzbuches von 1827 herübergenommen und erst später beseitigt worden. — Diese Thatsachen genügen mir, um die Grundsätze über die Bestrafung des fortgesetzten Verbrechens aus dem Begriffe desselben festzustellen, ohne vorläufig irgend welchen positiven Bestimmungen eine entscheidende Bedeutung einzuräumen.

Bei Hälschner finde ich zwei Stellen, welche sich auf die Bestrafung des fortgesetzten Verbrechens beziehen. Zunächst heißt es S. 505: „Der Unterschied des fortgesetzten von einem andern Verbrechen liegt nur darin, daß, indem dieselbe Willensbestimmung sich in einer immer erneuerten Entschließung und Thätigkeit verwirklicht, sich eine größere Intensität des verbrecherischen Willens, aber auch zugleich ein quantitativ größerer Umfang der Rechtsverletzung ergiebt." Sodann wird S. 521 gesagt: „Weil das fortgesetzte Verbrechen nur eine Handlung ist, nur eine Rechtsverletzung und einen Rechtsbruch enthält, so kann es zwar auch nur eine Strafe nach sich ziehen, aber es wird bei der Strafzumessung das aus der Beschaffenheit der Thätigkeit sich ergebende Maß des Rechtsbruches als ein die Strafbarkeit erhöhendes Moment erscheinen." Das Resultat also zu welchem Hälschner gelangt, ist der Satz, das fortgesetzte Verbrechen äußere einen strafschärfenden Einfluß innerhalb der für die Strafzumessung bestimmten gesetzlichen Grenzen. Begründet wird dieser Satz nach der ersten Stelle durch die „größere Intensität des verbrecherischen Willens" und durch „den quantitativ größeren Umfang der Rechtsverletzung;" nach der zweiten Stelle durch das „aus der Beschaffenheit der Thätigkeit sich ergebende Maß des Rechtsbruches." Hinsichtlich des letzteren Momentes muß ich anführen, daß ich über die Bedeutung des „Rechtsbruches" erst weiter unten ausführlicher sprechen kann, daß indessen der größere Rechtsbruch des fortgesetzten gegenüber einem anderen Verbrechen von Hälschner — wenn ich ihn richtig verstanden habe — lediglich in der größeren Intensität der verbrecherischen Willensbestimmung gefunden wird. Somit gewinnen wir also folgenden Satz: Weil bei dem fortgesetzten Verbrechen die Intensität des verbrecherischen Willens und die Größe der Rechtsverletzung bedeutender ist als bei dem nicht fortgesetzten, so muß für ersteres eine schwerere Strafe zugemessen werden als für letzteres. Sind die Prämissen dieses Satzes richtig, so muß auch der Schluß richtig sein. Aber ob die Prämissen richtig sind, das bedarf meines Erachtens noch einer Untersuchung. —

Zweifellos sind Intensität des verbrecherischen Willens und Größe des verletzten Rechts die hauptsächlichsten Strafzumessungsgründe; aber es ist zu bestreiten, daß diese beiden Momente bei dem fortgesetzten Verbrechen als solchem immer in einem höheren Grade vorhanden sein müssen als bei einem nicht fortgesetzten. Die Intensität des verbrecherischen Willens läßt sich nur bestimmen, entweder nach den äußeren Schwierigkeiten, welche der Thäter zu überwinden wußte — dieses Merkmal ist schlechterdings kein dem fortgesetzten Verbrechen eigenthümliches und daher für diese Untersuchung ganz außer Acht zu lassen — oder, soweit dieses zweite Merkmal nicht schon mit dem ersteren verbunden ist, aus der Zahl der in einer Handlung enthaltenen Thätigkeiten. Muß nun die Handlung des fortgesetzten Verbrechens eine bestimmt große Anzahl von Thätigkeiten enthalten? — Die in § 2 geführte Untersuchung über den Begriff des fortgesetzten Verbrechens hat gezeigt, daß nur dann von einem fortgesetzten Verbrechen gesprochen werden kann, wenn sich in der verbrecherischen Handlung mehr als eine, also mindestens zwei rechtsverletzende Thätigkeiten vorfinden, während nur eine rechtsverletzende Thätigkeit den Begriff des fortgesetzten Verbrechens ausschließt. Es würde nun aber total verkehrt sein, über die Intensität der verbrecherischen Willensbestimmung lediglich die Zahl der rechtsverletzenden Thätigkeiten entscheiden zu lassen und nicht die Zahl der Thätigkeiten überhaupt. Wie viele Thätigkeiten überhaupt aber, außer den beiden rechtsverletzenden das fortgesetzte Verbrechen enthalten müsse, darüber ist schlechterdings nichts zu bestimmen, am allerwenigsten aber läßt sich behaupten, daß ein fortgesetztes Verbrechen, deswegen weil es fortgesetztes Verbrechen ist, mehr Thätigkeiten enthalten müsse als ein gegen ein ähnliches Objekt gerichtetes nicht fortgesetztes. Daraus folgt denn, daß, wenn zwei gleich große Rechte, das eine durch ein fortgesetztes, das andere durch ein nicht fortgesetztes Verbrechen verletzt sind, es durchaus ungerechtfertigt wäre, das erstere aus dem Grunde strenger zu bestrafen als letzteres, weil jenes ein fortgesetztes Verbrechen ist, dieses dagegen nicht.

Und was das zweite Moment, die Größe des verletzten Rechts anbetrifft, so läßt sich allerdings nicht leugnen, daß mehrere rechtsverletzende Thätigkeiten einen umfänglicheren Erfolg haben können, als eine einzige, aber niemand wird behaupten wollen, daß diese Möglichkeit eine unter allen Umständen vorhandene Nothwendigkeit sei. Nehmen wir an, durch ein nicht fortgesetztes Verbrechen wird ein Recht verletzt, dessen Größe wir durch die Zahl 1 ausdrücken wollen, durch das fortgesetzte Verbrechen werden mehrere Theile eines Rechtes verletzt, z. B. $\frac{1}{2} + \frac{1}{4} + \frac{1}{8} + \frac{1}{16}$, so zeigt die einfache Addition, daß durch das fortgesetzte Verbrechen ein quantitativ geringeres Recht verletzt ist als durch das nicht fortgesetzte, es läßt sich mit einem Worte für letzteres ebensowenig eine maximale wie für ersteres eine minimale Größe des verletzten Rechts im Allgemeinen bestimmen.

Intensität des verbrecherischen Willens und Größe des verletzten Rechts sind daher bei dem fortgesetzten Verbrechen als solchem nicht in einem höheren Grade vorhanden als bei dem nicht fortgesetzten, es sind diese beiden Momente nicht solche, welche für das fortgesetzte Verbrechen eine allgemeine Regel für die Strafzumessung überhaupt und also auch nicht für die strafschärfende Zumessung begründen.

Irgend welche andere Strafzumessungsgründe, welche dem fortgesetzten Verbrechen als solchem eigenthümlich wären, lassen sich aber aus dem Begriffe desselben nicht entnehmen, und folglich muß als Grundsatz der Bestrafung des fortgesetzten Verbrechens hingestellt werden: Alle Strafzumessungsgründe, welche bei der Bestrafung eines Verbrechens von Erheblichkeit sind, müssen auch bei dem fortgesetzten Verbrechen berücksichtigt werden. Es existiren aber keine dem fortgesetzten Verbrechen eigenthümliche Strafzumessungsgründe.

Hieraus ergeben sich dann folgende einzelne Sätze:

1) Wenn die Gesetze bei der Bestrafung irgend welcher Verbrechen die Annahme mildernder Umstände gestatten, so wird die Annahme derselben dadurch allein nicht ausgeschlossen, daß das begangene Verbrechen ein fortgesetztes Verbrechen ist.

2) Wenn die Gesetze aus dem fortgesetzten Verbrechen einen strafschärfenden Zumessungsgrund machen, so begehen sie einen Fehler.

3) Wenn aus dem fortgesetzten Verbrechen sogar ein gesetzlicher Strafschärfungsgrund hergeleitet wird, so ist der Fehler ein um so größerer.

Wo die unter 2 und 3 hervorgehobenen Fehler in der Gesetzgebung gemacht sind, haben sich auch die nachtheiligen Folgen in der Praxis gezeigt. Es mögen zu diesem Zwecke die bei Temme, Archiv für die strafrechtlichen Entscheidungen — Bd. 3 unter No. 535, 536, 537, 540 mitgetheilten Fälle verglichen werden.

Ein Umstand könnte allerdings scheinbare Schwierigkeiten bei der Bestrafung des fortgesetzten Verbrechens erzeugen. Erinnern wir uns daran, daß die fortgesetzte verbrecherische Handlung mehrere Kategorieen von Thätigkeiten enthält, deren jede durch eine rechtsverletzende Thätigkeit abgeschlossen wird. Nun kann es leicht vorkommen, daß sich in der einen Thätigkeits-Kategorie Umstände vorfinden, welche geeignet sind, das Verbrechen zu qualificiren, während dieselben in den übrigen nicht vorhanden sind. Beispielsweise: Ein Dieb beabsichtigt vier Pferde, welche ein und derselben Person gehören, zu stehlen; eins dieser Pferde hatte der Eigenthümer auf der Straße angebunden, der Thäter bindet es los und führt es fort, das zweite wird von der Weide, das dritte und vierte mittelst Einbruches aus dem Stall gestohlen. Es liegen hier in dem fortgesetzten Diebstahle drei Thätigkeits-Kategorieen vor, von denen jede, falls sie nicht eben Bestandtheil ein und desselben fortgesetzten Verbrechens wäre nach einem anderen Strafgesetze zu beurtheilen sein würde. Mit Bezug auf die preußischen Gesetze würde das erste Stehlen, als selbstständige Handlung aufgefaßt, nach § 215, 216; das zweite nach § 215, 217 No. 1; endlich das dritte nach § 215, 218 No. 2 zu beurtheilen sein. Da nun aber vorausgesetzt wurde, daß überhaupt nur ein fortgesetzter Diebstahl begangen sei, so entsteht die Frage, in welcher Weise die mehreren einschlagenden Strafgesetze zu behandeln seien. Die Antwort auf diese Frage kann keine andere sein als die, daß für das fortgesetzte Verbrechen in dieser Hinsicht keine anderen Regeln gelten können als für das nicht fortgesetzte, wenn dasselbe unter Umständen begangen wird, die mehr als ein Strafgesetz auf dasselbe anwendbar erscheinen lassen. Die positive Regel für diesen Fall des fortgesetzten Verbrechens ist somit für das Preußische Strafrecht durch § 55 des St.-G.-B. gegeben, d. h. es ist lediglich das schwerste unter den mehreren anwendbaren Gesetzen in einem solchen Falle anzuwenden. So bestimmt wenigstens das Gesetz. Ob diese Bestimmung **überall** richtig sei, ist nicht blos für das **fortgesetzte** Verbrechen sondern für **jedes** Verbrechen zu untersuchen. Diese Untersuchung selbst kann aber nach dem Plane der ganzen Arbeit erst an einer späteren Stelle erfolgen. —

§ 4.

Kasuistik.

Es ist noch meine Aufgabe, zu zeigen, daß die vorstehenden theoretischen Entwickelungen praktisch zu verwerthen sind. Zu diesem Zwecke will ich einige Rechtsfälle, bei welchen die Frage, ob fortgesetztes Verbrechen oder nicht, zur Sprache gekommen ist, erläutern. Die Rechtsfälle selbst finden sich theils im **Goltdammer**schen Archiv, theils in **Temme**'s Archiv für die strafrechtlichen Entscheidungen der obersten Gerichtshöfe Deutschlands.

I. **Diebstahl.** (Temme Bd. III. S. 72.) „Der Dienstknecht O. hatte seinen Dienst- und Hausherrn während seiner Dienstzeit mehrfach bestohlen, auch einem Hausgenossen aus einer, in dem unbewohnten Nebengebäude des Dienstherrn stehenden verschlossenen Lade Kleidungsstücke zum Werthe von etwa 4 Thlr. entwendet. Die Anklagekammer des Ob.-App.-Ger. zu Celle nahm ein fortgesetztes Verbrechen an." Dieser Fall würde in folgender Weise zu behandeln sein:

1. Wenn der Dienstknecht seinen Dienstherrn mehrfach bestohlen hat, so ist dadurch das Vermögensrecht ein und derselben Person, d. h. ein und dasselbe Rechtsverhältniß angegriffen. War aber nicht blos der Dienstherr, sondern auch noch ein Hausgenosse desselben der Bestohlene, so ist nicht ein und dasselbe, sondern es sind zwei verschiedene Rechtsverhältnisse angegriffen. Kann daher der Angeklagte nicht darthun, daß er die dem Hausbewohner gestohlenen Sachen irrthümlich für Sachen seines Dienstherrn gehalten habe, so muß diese letztere Entwendung als ein selbständiger Diebstahl behandelt werden.

2. Hinsichtlich der gegen den Dienstherrn verübten Entwendungen kann ein fortgesetztes Verbrechen vorliegen, da hinsichtlich derselben a) Einheit des verletzten Rechts und b) mehr als eine

rechtsverletzende Thätigkeit festgestellt ist. Es muß aber c) noch festgestellt werden, daß die mehrfachen Entwendungen auf ein und dieselbe Absicht zurückzuführen sind.

II. Betrug. (Temme Bd. III. S. 71.) „Auguste Lex hatte der ledigen Sanktjohanser, Ziehtochter der Bäuerin Anna Kaiser, vorgespiegelt, daß sie in Tölz einen Franziskaner kenne, welcher durch vieles Beten und sonstige Ceremonieen die Nummern vorausbestimmen könne, welche in der Lotterie herauskämen, und daß derselbe schon vielen Leuten geholfen habe. Die Sanktjohanser schenkte diesen Angaben Glauben und gab zum Zwecke und in Hoffnung des zu machenden großen Lotteriegewinnstes der Lex nach und nach ihre ganze Baarschaft und sonstige Gegenstände. Nachdem von ihr nichts mehr zu haben war, machte die Lex sich an die Bäuerin Kaiser, mit der Aufforderung, zum Glück ihrer Tochter auch etwas beizutragen; die Kaiser ging darauf ein. In solcher Weise hatte die Lex innerhalb zwei Jahren der Sanktjohanser und der Kaiser über 300 Fl. an Geld und Geldeswerth abgelockt; der versprochene Lotteriegewinnst blieb aus. Durch Erkenntniß des Kreis- und Stadtgerichts zu München wurde die Lex des fortgesetzten Verbrechens des ausgezeichneten Betruges an der Sanktjohanser und des fortgesetzten Verbrechens des ausgezeichneten Betruges an der Kaiser schuldig erklärt und zu fünfjährigem Arbeitshaus verurtheilt. Die Nichtigkeitsbeschwerde der Angeklagten wollte nur ein Verbrechen fortgesetzt an zwei Personen, nicht aber eine reale Konkurrenz gestraft wissen. Das Ob.-App.-Ger. zu München wies die Beschwerde zurück." Und gewiß mit Recht. Denn die Angeklagte hatte in betrüglicher Weise das Vermögensrecht zweier Personen, mithin zwei verschiedene Rechte verletzt. Daß irrthümlich diese beiden Vermögensrechte für ein einziges Vermögensrecht angesehen wurden, davon ist nirgends die Rede, ist auch nach der ganzen Beschaffenheit des Falles nicht wohl anzunehmen. Daher lag jedenfalls ein Betrug vor, welcher gegen die S. und ein zweiter, welcher gegen die K. begangen war. Diese beiden Verbrechen mußten schlechterdings nach den Regeln der Konkurrenz behandelt werden. Dagegen konnten die gegen die S. begangenen Betrügereien als fortgesetztes Verbrechen behandelt werden, da Einheit des angegriffenen Rechts und mehr als eine rechtsverletzende Thätigkeit vorlagen. Es hätte allerdings besonders festgestellt werden müssen, daß alle gegen die S. begangenen Betrügereien auf ein und dieselbe Absicht der Angeklagten zurückzuführen seien. Dasselbe gilt natürlich auch hinsichtlich der gegen die K. begangenen Betrügereien.

III. Defraudation. (Goltd. Archiv III. S. 830.) „Der Appellationsrichter hat gegen den Angeklagten, welcher vier verschiedene Kreuzbandabsendungen gleichen Inhalts an verschiedene Adressaten in Fällen, in welchen das volle Porto und nicht nur das ermäßigte der Kreuzabsendungen zu entrichten war, bewirkt hatte, nur auf die einfache Strafe des § 35 No. 4 des Postgesetzes vom 5. Juni 1852 erkannt, weil die Absendung der vier verschiedenen Schreiben nur als eine Kontravention angesehen und bestraft werden konnte, da die Schreiben in gleichem Interesse des Absenders kurz hintereinander zur Post gegeben seien. — Das Ober-Tribunal hat auf die Nichtigkeitsbeschwerde des Staatsanwaltes am 25. Oct. 1855 wider Kunert das Appellationsurtheil vernichtet, und das erste Urtheil, welches auf vier abgesonderte Strafen erkannt hatte, bestätigt, in Erwägung, daß jede verbotene Sendung unter Kreuzband eine selbständige Handlung ist, welche" rc.

Dieser Fall ist in folgender Weise zu behandeln. Die Postkontravention ist ein Betrug gegen den Postfiskus. Habe ich vier Sendungen mit der Post zu machen, von denen mich jede, falls ich sie unter Kouvert schicke, 3 Sgr. kostet, und ich schicke dieselben statt dessen unter Kreuzband, was nur 4 Pf. kostet, die Sendung ist aber eine solche, welche nicht unter Kreuzband sondern nur unter Kouvert verschickt werden darf, so beabsichtige ich durch meine vier widerrechtlichen Kreuzbandsendungen den Postfiskus um 10 Sgr. 8 Pf. zu betrügen. Dieses dem Fiskus zustehende Forderungsrecht ist dasjenige Rechtsverhältniß, welches in dem vorliegenden Falle der Thäter anzugreifen beabsichtigte. Dieses Objekt ist so beschaffen, daß es zweifellos in der Form des fortgesetzten Verbrechens angegriffen werden kann. Es ist auch in dem vorliegenden Falle mehr als eine rechtsverletzende Thätigkeit vorhanden — nicht durch eine, sondern durch vier Postsendungen soll der Fiskus um 10 Sgr. 8 Pf. betrogen werden. — Ob aber diese mehreren rechtsverletzenden

Thätigkeiten Bestandtheile einer oder mehrerer Handlungen, ob sie aus einer oder aus verschiedenen Absichten hervorgegangen sind, das war lediglich Sache der thatsächlichen Feststellung. Wenn daher das Ober-Tribunal sagt: „In Erwägung, daß jede verbotene Sendung unter Kreuzband eine selbständige Handlung ist" — so ist es jedenfalls fehlerhaft, diesen Umstand unter den Entscheidungsgründen des Erkenntnisses anzuführen. Denn hatte das Ober-Tribunal überhaupt die Befugniß, über Einheit oder Mehrheit der Handlung zu entscheiden, so mußte dieses in dem Tenor des Erkenntnisses geschehen, da ja überhaupt nichts weiter zu entscheiden war, als die einzige Frage, ob die vier Postsendungen als vier Handlungen oder als Theile ein und derselben aufzufassen seien. Es muß aber weiter als ein Fehler bezeichnet werden, daß das Ober-Tribunal sich überhaupt auf die Entscheidung dieser Frage eingelassen und in der Sache selbst erkannt hat. Es ist nämlich nur zweierlei denkbar. Entweder der Fall gestattet die Möglichkeit der Annahme eines fortgesetzten Verbrechens, — und das ist allemal der Fall, wenn ein in einzelnen Theilen verletzbares Recht angegriffen ist — oder diese Möglichkeit ist von vornherein ausgeschlossen — falls das angegriffene Recht ein untheilbares ist. In diesem letzteren Falle muß das Ober-Tribunal in der Sache selbst entscheiden, indem es durch die Entscheidungsgründe feststellt, daß und warum das angegriffene Rechtsverhältniß in einzelnen Theilen nicht verletzt werden könne; im ersteren Falle dagegen hat das Ober-Tribunal in der Sache selbst nicht zu entscheiden. Denn ob ein theilbares Recht nur durch eine oder durch mehr als eine rechtsverletzende Thätigkeit verletzt wurde, ob Einheit oder Mehrheit der Absicht vorliegt, das gehört lediglich zu der thatsächlichen Feststellung, welche der Nichtigkeitsrichter nicht vorzunehmen hat. In dem hier besprochenen Falle durfte daher das Ober-Tribunal nur dann in der Sache selbst entscheiden, wenn die Behauptung durchführbar gewesen wäre, daß ein dem Postfiskus zustehendes Forderungsrecht in einzelnen Theilen nicht verletzt werden könne. —

IV. Brandstiftung. (Goltd. Archiv III. S. 670.) „Der Angeklagte ist zweier in der Nacht vom 28. Juli verübten Brandstiftungen, und zwar des von ihm bewohnten Schulgebäudes und des Wohnhauses des Wirths W. beschuldigt und die Geschwornen haben die beiden hierauf bezüglichen Fragen bejaht. Der Vertheidiger hatte folgende Frage über die Existenz eines fortgesetzten Verbrechens beantragt:

> ob die der Zeit nach auseinanderliegenden verbrecherischen Handlungen als fortschreitende Ausführung einer, aus einem von vornherein gefaßten Entschlusse hervorgegangenen That anzusehen seien?

Der Schwurgerichtshof hat diese Zusatzfrage abgelehnt, weil das Strafgesetzbuch ein fortgesetztes Verbrechen nicht kenne, und, wenn die Theorie die Annahme eines solchen gestatten sollte, im vorliegenden Falle doch die Umstände der Art seien, daß nicht ein fortgesetztes sondern zwei verschiedene Verbrechen vorlägen. Der Angeklagte ist daher wegen wiederholter Brandstiftung, unter Annahme realer Konkurrenz nach § 56 des Strafgesetzbuches verurtheilt. — Auf seine wegen verweigerter Stellung jener Frage erhobene Nichtigkeitsbeschwerde sind Urtheil und Verfahren von dem Ober-Tribunal am 9. März 1855 wider Lenski vernichtet, und ist die Sache zur anderweiten Verhandlung an das Schwurgericht zurückgewiesen."

Ehe auf die Entscheidung dieses besonderen Falles eingegangen werden kann, muß zunächst im Allgemeinen festgestellt werden, unter welcher Voraussetzung bei der Brandstiftung überhaupt von einem fortgesetzten Verbrechen gesprochen werden könne. Die Brandstiftung zählt zu den s. g. formalen Verbrechen, d. h. es erfordert eine Verurtheilung wegen dieses Verbrechens nicht die thatsächliche Feststellung, daß und welch ein bestimmtes Recht von dem Thäter angegriffen sei, es genügt vielmehr die Feststellung, daß der Angeklagte die in dem Gesetze bezeichneten Thätigkeiten vorgenommen, namentlich also bestimmte Gegenstände in Brand zu setzen, die Absicht gehabt und diese Absicht ausgeführt habe. — Bleibt man bei dieser Auffassung der Brandstiftung stehen, so wird man hinsichtlich der Frage ob fortgesetztes Verbrechen oder Verbrechens-Konkurrenz vorliege, immer im Dunkeln bleiben. — Es ist vielmehr nothwendig, den Gesichtspunkt festzuhalten, daß, wenn auch das Gesetz die Brandstiftung als ein formales Verbrechen behandelt, so doch der einzelne konkrete Fall sich meistentheils als Verletzung eines bestimmten Rechtes darstellt. Nur auf diese Fälle ist hier Rücksicht zu nehmen; denn wo die Brandstiftung nichts weiter als gefährliche Handlung ist — es zündet z. B. jemand sein eigenes bewohntes Gebäude an, welches überdem nicht versichert ist und ohne die Absicht, die Bewohner desselben durch das Feuer zu verletzen — kann, da mehrere gefährliche Handlungen niemals als eine Handlung aufzufassen sind, auch niemals von fortgesetztem Verbrechen die Rede sein. — Erst wenn das Recht feststeht, welches durch die einzelne Brandstiftung angegriffen erscheint, wird es überhaupt möglich sein, die Frage nach dem Vorhandensein des fortgesetzten Verbrechens zu beantworten. — Bei Brandstiftungen an fremden Sachen ist die Absicht des Thäters, wenn nichts Weiteres festgestellt ist, jedenfalls auf Beschädigung fremden Vermögens gerichtet. Dieser zweifellos häufigste Fall muß auch in dem oben mitgetheilten Beispiele als vorhanden angenommen werden. Und nun ist die Entscheidung in folgender Weise zu treffen:

Angezündet ist ein Wohnhaus des W. und ein Schulgebäude, welches eben als Schulgebäude nicht Eigenthum desselben W. gewesen sein kann. Mithin sind Vermögensrechte zweier Eigenthümer, also zwei selbständige Rechte verletzt worden.

Zwei selbständige Rechte können aber niemals zugleich auch Theile ein und desselben Rechtes sein, es muß daher Konkurrenz zweier Brandstiftungen angenommen werden, falls nicht Irrthum des Thäters festzustellen war, durch welchen derselbe veranlaßt werden könnte, die beiden selbständigen Rechte für Theile ein und desselben Rechtes zu halten. Von diesem Umstande ist aber, soweit das Referat über diesen Fall reicht, gar nicht die Rede gewesen, am wenigsten ist aber beantragt worden, hierüber den Geschwornen eine Frage zu stellen. Es muß also bei der Verurtheilung wegen Konkurrenz zweier Brandstiftungen sein Bewenden haben.

Es ist hiebei noch folgende Frage zu erörtern: Gehört in diesem Falle die Frage nach der Existenz der Möglichkeit eines fortgesetzten Verbrechens zur Thatfrage oder zur Rechtsfrage? — In der zu diesem Falle gegebenen Entscheidung des Ober-Tribunals findet sich hierüber Folgendes gesagt:

„in Erwägung, daß beim wirklichen Vorhandensein eines fortgesetzten Verbrechens die Anwendung des § 56 des Strafgesetzbuches ausgeschlossen ist, in der Behauptung des Angeklagten, daß im konkreten Falle die Voraussetzungen des fortgesetzten Verbrechens vorhanden seien, die Geltendmachung eines Umstandes gefunden werden muß, welcher, indem er die Vereinigung der Strafen ausschließt, welche ohne den Nachweis der inneren Einheit der verschiedenen strafbaren Handlungen durch das einfache Dasein der letzteren mit ihrem äußeren Erfolge begründet würde, als ein Strafschließungsgrund im Sinne des Art. XXIV. des Einführungsgesetzes und der Art. 81. 83. des Gesetzes vom 3. Mai 1852 zu betrachten ist;

daß hieraus folgt, daß in Schwurgerichtssachen dem Antrage des Angeklagten auf Stellung einer desfälligen dem Begriffe des fortgesetzten Verbrechens entsprechenden Frage, bei Strafe der Nichtigkeit stattgegeben werden muß, sowie, daß der Schwurgerichtshof seine Befugnisse überschreitet, wenn er die dem Bereiche des Thatrichters angehörige Frage, ob die in jenem Begriffe enthaltenen Merkmale vorhanden seien, selbst entscheidet."

Das Ober-Tribunal behauptet also, es hätte auch in dem vorliegenden Falle die Frage nach dem fortgesetzten Verbrechen mit Hülfe der Geschwornen beantwortet werden müssen.

Dagegen ist aber Folgendes zu bemerken:

1. Es wird ohne Bedenken zuzugeben sein, daß wenn die von dem Ober-Tribunale angezogenen Gesetze bestimmen: — „die Fragen sind darauf, ob der Angeklagte die That ohne Zurechnungsfähigkeit begangen hat, oder ob andere Gründe, welche die Strafe ausschließen, vorhanden sind, nur dann ausdrücklich zu richten, wenn dies besonders beantragt oder von dem Gerichte selbst für nöthig erachtet wird. Einem deshalb besonders gestellten Antrage muß bei Strafe der Nichtigkeit entsprochen werden" — daß unter den „andern Gründen, welche die Strafe ausschließen" lediglich Thatsachen zu verstehen sind. Der Antrag der Vertheidigung konnte also nur darauf gehen, daß eine Frage den Geschwornen gestellt würde, deren Beantwortung das Vorhandensein oder Nichtvorhandensein einer Thatsache festgestellt hätte, von deren Vorhandensein die Annahme des fortgesetzten Verbrechens abhängt.

2. Es wird zuzugeben sein, daß es lediglich Sache des Richters

sei, zu entscheiden, welche juristische Begriffe aus den im Laufe der Verhandlung zur Sprache gekommenen Thatsachen möglicherweise gefolgert werden können. Dabei ist es denn allerdings ein Nichtigkeitsgrund, wenn der Richter willkührlich eine oder die andere zur Sprache gekommene Thatsache außer Acht läßt, obwohl dieselbe für die Annahme irgend eines juristischen Begriffes von Erheblichkeit war. In dem vorliegenden Falle ist nun von erheblichen Thatsachen lediglich zur Sprache gekommen, daß Gebäude zweier verschiedener Eigenthümer absichtlich angezündet worden sind. Diese Thatsachen sind in die den Geschwornen gestellten Fragen aufgenommen, es kann mithin keinesfalls dem Richter der Vorwurf gemacht werden, daß er bei der Fragestellung eine zur Erörterung gekommene erhebliche Thatsache willkührlich unberücksichtigt gelassen habe. Diejenigen Thatsachen aber, welche zur Sprache gekommen waren, schlossen von vornherein die Möglichkeit der Annahme eines fortgesetzten Verbrechens aus, da der Angriff auf zwei verschiedene Rechte Einheit der Absicht, Einheit der Handlung ausschließt. — Mithin hatte der Richter der ersten Instanz vollkommen Recht, wenn er eine mit Bezug auf die referirten Thatsachen gestützte Frage nach dem Vorhandensein eines fortgesetzten Verbrechens deswegen zurückwies, weil die Umstände von der Art seien, daß von einem fortgesetzten Verbrechen nicht die Rede sein könne. Der Richter hat damit nichts Thatsächliches, sondern lediglich eine Rechtsfrage entschieden.

3. Der einzige Umstand, der es ermöglicht trotz der nicht vorhandenen Einheit des verletzten Rechts dennoch nur eine verbrecherische Handlung zu strafen, ist der Irrthum des Thäters, vermöge dessen er glaubte, nur ein Recht verletzt zu haben, obwohl er in der That zwei verschiedene Rechte verletzte. — In dem vorliegenden Falle ist aber ein solcher Irrthum des Thäters nirgends behauptet worden.

4. Hinsichtlich der thatsächlichen Feststellung, also auch hinsichtlich der an die Geschwornen zu richtenden Fragen, ist der Richter auf diejenigen Thatsachen beschränkt, welche im Laufe des Verfahrens irgendwie zur Erörterung gekommen sind. Ist es fehlerhaft, wenn der Richter von diesen Thatsachen eine erhebliche nicht feststellt, so ist es geradezu widersinnig von dem Richter zu verlangen,

er solle fingiren, es sei irgend eine erhebliche Thatsache zur Erörterung gekommen, obwohl dieses in der That nicht der Fall war. — Wenn daher in dem vorliegenden Fall der Vertheidiger die Frage beantragte, ob die zwei verschiedenen Brandstiftungen als Theile derselben That anzusehen seien, so hätte der Richter, um diesem Antrage des Vertheidigers nachzukommen, die Widersinnigkeit begehen müssen, über den Irrthum des Angeklagten eine Frage an die Geschwornen zu richten, obwohl im ganzen Laufe des Verfahrens von einem derartigen Irrthume nirgends die Rede gewesen war. — Es hatte demnach der Schwurgerichtshof vollkommen recht, wenn er diesen Antrag des Vertheidigers zurückwies. —

Ein zweiter Brandstiftungsfall giebt zu einigen anderen Anmerkungen Veranlassung.

Goltd. Archiv III. S. 112. „Der Angeklagte ist wegen dreier am 30. November, 1. und 3. Dezember 1853 bei seinem Dienstherrn verübter Brandstiftungen in Anklagestand versetzt und den Geschwornen sind demgemäß drei besondere darauf bezügliche Fragen vorgelegt.

Der Vertheidiger beantragte für den Fall der Bejahung mit Rücksicht auf § 56 des Strafgesetzbuches noch eine vierte Frage dahin zu stellen:

Ist jede oder welche der zu 1, 2, 3 erwähnten Brandstiftungen als eine selbständige von der anderen verschiedene Handlung anzusehen.

Der Gerichtshof wies den Antrag zurück:

weil einestheils jedes der drei Verbrechen für sich bestehend zu betrachten und anderntheils die Fragen vollständig genug seien.

Der Angeklagte ist hierauf in Folge der Bejahung jener drei Fragen wegen vorsätzlicher Brandstiftung in drei Fällen aus §§ 285, 287, 56 des Strafgesetzbuches zu 15 Jahren Zuchthaus verurtheilt.

Auf die wegen Zurückweisung jenes Antrages erhobene Nichtigkeitsbeschwerde ist das Urtheil und das Verfahren vom Ober-Tribunal am 23. November 1854 wider Schrör vernichtet. (Vergl. die Entscheidungsgründe a. a. O.)

Für eine richtige Auffassung dieses Falles ist zunächst auf einen Mangel des Referats aufmerksam zu machen. Es wird uns gesagt, der Angeklagte habe „bei seinem Dienstherrn" drei Brandstiftungen begangen. Für die juristische Beurtheilung ist es aber ganz gleichgültig wo jemand ein oder mehrere Verbrechen beging, dagegen höchst wesentlich gegen wen die verbrecherische Thätigkeit gerichtet war. Ich gestatte mir die Vermuthung, daß das Referat durch die Worte „bei seinem Dienstherrn" hat ausdrücken wollen, daß die drei Brandstiftungen gegen den Dienstherrn gerichtet waren, daß dieser allein durch die stattgehabten Brände beschädigt sei. — Unter dieser Voraussetzung würde ein und dasselbe Vermögensrecht und zwar durch mehr als eine rechtsverletzende Thätigkeit beschädigt worden sein. Mithin liegt die Möglichkeit eines fortgesetzten Verbrechens vor, und es muß festgestellt werden ob die mehreren rechtsverletzenden Thätigkeiten alle auf eine Handlung zu beziehen sind, oder ob jede derselben zu einer besonderen, selbständigen Handlung gehört. Der Vertheidiger war mithin vollkommen berechtigt eine Zusatzfrage nach Einheit oder Mehrheit der Handlung zu verlangen; der Gerichtshof aber, welcher ohne Zuziehung der Geschwornen die Möglichkeit der Konkurrenz zu einer Gewißheit derselben erhob, überschritt seine Kompetenz, indem er ein zweifelhaftes thatsächliches Moment selbst feststellte.

Aus den hier angeführten Gründen mußte daher das Urtheil und Verfahren vernichtet, und die Sache zur nochmaligen Entscheidung an den Schwurgerichtshof zurückgewiesen werden.

Ich mache hiezu noch folgende Bemerkungen:

1) Wie würde sich die Sache gestaltet haben, wenn die erwähnte Zusatzfrage von der Vertheidigung nicht gestellt worden wäre? Die Antwort auf diese Frage giebt jedenfalls Art. 81 Gesetz vom 3. Mai 1852: „Die Fragen müssen bei Strafe der Nichtigkeit alle Thatsachen enthalten, welche die wesentlichen Merkmale der dem Angeklagten zur Last gelegten strafbaren Handlung bilden." — Wenn nun in dem vorliegenden Falle der Richter durch die an die Geschwornen gerichteten Fragen nichts weiter feststellte, als daß der Angeklagte das Vermögen seines Dienstherrn durch mehr als eine rechtsverletzende Thätigkeit beschädigt habe, so sind damit nicht alle wesentlichen Merkmale der dem Thäter zur Last zu legenden strafbaren Handlung festgestellt. Denn

diese Thatsachen ermöglichen sowohl die Annahme einer Verbrechenskonkurrenz, wie auch die Annahme eines fortgesetzten Verbrechens. Der Richter ist daher auf Grund dieser Thatsachen allein gar nicht im Stande, irgend eine Verurtheilung auszusprechen, ehe nicht die weitere Thatsache, ob Einheit oder Nichteinheit der Handlung anzunehmen sei, festgestellt ist. Es hätte also eines besonderen Antrages, eine derartige Frage zu stellen, gar nicht bedurft, der Richter mußte dieselbe zur Vermeidung der Nichtigkeit ex officio stellen. Das mit Bezug auf diesen Fall Gesagte läßt zweifellos eine allgemeine Ausdehnung zu, welche in den Satz gefaßt werden kann: Wenn ein Recht durch mehrere rechtsverletzende Thätigkeiten verletzt worden ist, so muß zur Vermeidung der Nichtigkeit die Einheit oder Nicht-Einheit der Handlung auch ohne besonderen Antrag ausdrücklich festgestellt werden. In Schwurgerichtssachen geschieht dies durch eine besondere Zusatzfrage.

2. In welcher Weise ist diese Zusatzfrage zu formuliren? — In allen Fällen, in denen ein Recht durch mehr als eine rechtsverletzende Thätigkeit angegriffen wurde, kann nur entweder ein fortgesetztes Verbrechen oder Verbrechenskonkurrenz existiren. Sobald eine dieser beiden Möglichkeiten als vorhanden festgestellt ist, wird die andere geleugnet, und sobald eine als nicht vorhanden bezeichnet wird, so ist damit das Vorhandensein der anderen konstatirt. Daraus ergiebt sich denn die Regel, daß es hinsichtlich der Formulirung der betreffenden Zusatzfrage ganz gleichgültig ist, ob in dieselbe die Merkmale des fortgesetzten Verbrechens oder der Verbrechenskonkurrenz aufgenommen werden. In dem vorliegenden Falle hätte also die Zusatzfrage lauten können: „Sind die 2c. Brandstiftungen als Theile ein und derselben Handlung aufzufassen" — oder: „Ist jede der 2c. Brandstiftungen als eine selbständige Handlung aufzufassen." Oder wenn es mit Bezug auf die Information der Geschwornen zweckmäßiger sein sollte statt der Einheit der Handlung die Einheit der Absicht festzustellen, so könnte die Zusatzfrage lauten: „Hat der Angeklagte die 2c. Brandstiftungen gemeinschaftlich

beabsichtigt?" oder auch: „Hat der Angeklagte jede der ꝛc. Brandstiftungen besonders beabsichtigt?" [1])

Nach diesen mehr praktischen Erörterungen mag

3. noch eine kurze theoretische Untersuchung folgen. In den Entscheidungsgründen des Ober-Tribunals zu dem vorstehenden Rechtsfall findet sich folgender Ausspruch: „daß der Begriff des fortgesetzten Verbrechens durch das Strafgesetzbuch nicht beseitigt, derselbe vielmehr durch die Fassung des § 56 im Gegensatze zu § 55 aufrecht erhalten worden ist, und der Sache nach das fortgesetzte Verbrechen unter § 55 fällt" ꝛc. Diese Ansicht findet sich auch bei Oppenhoff § 56 n. 1. — Ich glaube, daß sich dieselbe nicht rechtfertigen läßt und wie jede unrichtige Theorie in der Praxis leicht zu Fehlern verleiten kann. Der § 55 bestimmt bekanntlich: „Wenn eine und dieselbe Handlung die Merkmale mehrerer Verbrechen oder Vergehen in sich vereinigt, so kommt das Strafgesetz zur Anwendung, welches die schwerste Strafe androht." Da es ein Widerspruch ist, von einer Handlung und doch von mehreren verbrecherischen Rechtsverletzungen zu sprechen, so kann der § 55 rationell erklärt nur da in Anwendung gebracht werden, wo ein Verbrechen begangen ist, welches hinsichtlich seiner Bestrafung die Anwendung mehr als eines Strafgesetzes gestattet, und in sofern, als man die Verletzung eines jeden Strafgesetzes auch Verbrechen, Vergehen, Uebertretung zu nennen pflegt, die Merkmale mehrerer Verbrechen oder Vergehen enthält. — Nun ist es allerdings richtig, daß das fortgesetzte Verbrechen nur eine Handlung enthält, hinsichtlich dieser einen Voraussetzung also unter den § 55 fällt; aber es ist keineswegs richtig, daß das fortgesetzte Verbrechen seiner Natur nach die Anwendung mehrerer Strafgesetze erforderlich mache. Auch nicht die wiederholte Anwendung ein und desselben Strafgesetzes ist für das fortgesetzte Verbrechen zu behaupten, da dieses hinsichtlich der Strafzumessung als ein Ganzes aufgefaßt werden muß, woraus sich die nur einmalige Anwendung des zutreffenden Strafgesetzes von selbst ergiebt. Nur in einem einzigen

[1]) Durch das unter 1. und 2. Gesagte werden die mancherlei Ungenauigkeiten und Unrichtigkeiten beseitigt, welche sich bei Oppenhoff § 56. n. 5. 6. vorfinden.

Falle kann der § 55 auch auf das fortgesetzte Verbrechen angewandt werden, wenn nämlich durch dasselbe mehr als ein Strafgesetz verletzt wird. Ich verweise der Kürze wegen auf das im Schlusse des § 3 dieser Abhandlung angeführte Beispiel vom dem Diebstahle an vier Pferden, von denen jedes unter verschiedenen, die Anwendung verschiedener Strafgesetze erfordernden Umständen gestohlen wurde. Und auch in diesem einzigen Falle findet der § 55 auf die Bestrafung des fortgesetzten Verbrechens nicht deswegen Anwendung, weil ein fortgesetztes Verbrechen zu strafen ist, sondern weil ein Verbrechen zu strafen ist, welches die Anwendung mehrerer Strafgesetze möglich macht. Daraus ergiebt sich denn, daß gegenüber dem § 55 das fortgesetzte Verbrechen keine andere Stellung einnimmt, als jedes andere Verbrechen; und wenn das Ober-Tribunal sagt „der Sache nach fällt das fortgesetzte Verbrechen unter § 55," so kann ich mit gleichem Rechte sagen: „der Sache nach fällt jedes einheitliche Verbrechen unter § 55." Wir haben im allgemeinen Theile des Strafgesetzbuches überhaupt keine Bestimmung über den Begriff und über die Behandlungsart des einheitlichen Verbrechens (denn den § 1 wird man als eine solche Bestimmung nicht anführen wollen), darüber Bestimmungen zu treffen, dazu ist der ganze specielle Theil vorhanden. Und so existiren auch über die besondere Erscheinungsform des einheitlichen Verbrechens, über das fortgesetzte Verbrechen, gar keine allgemeinen Bestimmungen, und es ist nicht gut, dieselben irgendwo finden zu wollen, wo sie in Wahrheit nicht existiren.

V. Meineid. (Goltd. Archiv. Bd. IV. S. 248.) „Der Angeklagte war als Defensionalzeuge benannt und bekundete bei seiner eidlichen Vernehmung am 5. August:

> daß er zur Zeit des Vorfalls bei der Scheune vorübergegangen, durch einen Riß des Thores hineingesehen und bemerkt habe, daß von Anton Lange und Joseph Fünfke Weizen in einen Sack geschüttet worden sei.

Bei seiner zweiten Vernehmung am 19. October — in derselben Instanz — deponirte er;

> daß er damals die Gebrüder Zuchantke in der Scheune nicht gesehen habe. Die Richtigkeit dieses Zeugnisses ver-

sicherte er auf seinen früher am 5. August bereits geleisteten Zeugeneid.

Er ist nun durch Verdikt der Geschwornen schuldig erklärt:

1. am 5. August in der Untersuchungssache wider Zuchantke als Zeuge wissentlich ein falsches Zeugniß mit einem Eide bekräftigt;

2. am 19. October in derselben Untersuchungssache als Zeuge eine Versicherung unter Berufung auf den am 5. August geleisteten Eid wissentlich falsch abgegeben zu haben.

Der Schwurgerichtshof hat ihn wegen wiederholten wissentlichen Meineids aus §§ 56. und 128. zu 6 Jahren Zuchthaus verurtheilt, indem reale Konkurrenz zweier selbständiger Meineidsverbrechen vorläge.

Der Angeklagte legte die Nichtigkeitsbeschwerde ein. Das Ober-Tribunal hat am 30. November 1855 wider Ludwig auf Vernichtung des Urtheils und Bestrafung des Angeklagten zu 3 Jahren Zuchthaus wegen eidlicher Bekräftigung eines wissentlich falschen Zeugnisses erkannt." Den Schwerpunkt der Entscheidungsgründe, welche a. a. O. S. 249 vollständig mitgetheilt sind, bildet folgender Satz: „Obwohl sich nicht leugnen läßt, daß von demselben Zeugen in derselben Sache ein mehrfacher Meineid durch ein mehrfach von ihm abgelegtes Zeugniß begangen werden kann, z. B. wenn er nach und nach von verschiedenen Partheien oder Proceß-Interessenten über verschiedene Gegenstände als Zeuge vorgeschlagen wird, so muß doch dann, wenn er in derselben Sache von derselben Parthei über denselben Gegenstand vorgeschlagen wird, und dann zufällig nur in getrennten, der Zeitfolge nach auseinanderliegenden, Terminen vernommen wird, die Einheit des Zeugnisses, also auch des Verbrechens des Meineides angenommen werden. Denn der Umstand, daß der Akt der Eidesleistung, der im ersten Termine vollständig erfolgt war, in den späteren Terminen durch Berufung resp. Hinweisung auf jenen Eid immer reproducirt wird, rechtfertigt es noch nicht, deshalb so oft, als die Vernehmung und diese Berufung auf den Eid erfolgte, einen wiederholten Meineid anzunehmen, weil ja nicht dieser Akt der Eidesleistung allein, resp. der Berufung auf denselben, sondern nur seine innere Verbindung mit dem Zeugnisse, welches er bekräftigen soll, den Thatbestand des Verbrechens bildet, die Einheit des Zeugnisses also überwiegend über die Mehrheit der Eidesleistungen ist." Dem Ober-Tribunal ist darin gewiß vollkommen beizustimmen, daß dasselbe die Einheit oder Mehrheit des Verbrechens der eidlichen Bekräftigung eines falschen Zeugnisses nicht nach der Zahl der Eidesleistungen, sondern nach der Zahl der Zeugnisse entschieden wissen will. Denn das Angriffsobjekt dieses Verbrechens bildet das Beweismittel des Zeugnisses und der Eid ist in diesem Falle nicht selbst Beweismittel sondern nur eine, wenn auch gesetzlich nothwendige Bekräftigungsform eines Beweismittels nämlich des Zeugnisses. Wir können sagen, daß ebenso wie die Fälschung einer Urkunde, weil dadurch nur ein Beweismittel verletzt wird, nur ein Verbrechen ist, ebenso auch die Fälschung eines Zeugnisses nur ein Verbrechen sein könne. — Doch kann ich dieser Betrachtung gegenüber einen Zweifel nicht unterdrücken. Das Ober-Tribunal sagt selbst, daß wenn ein Zeuge nach und nach von verschiedenen Partheien oder Proceß-Interessenten über verschiedene Gegenstände als Zeuge vorgeschlagen wird, dann eine Konkurrenz von falschen Zeugnissen begangen werden könne. Aber ebenso gewiß wird man auch sagen können, daß die ganze Wissenschaft eines und desselben Zeugen, wenn sie von verschiedenen Partheien als Beweismittel benutzt wird, nicht blos ein Beweismittel sondern mehrere Beweismittel liefere und zwar deswegen, weil die Wissenschaft eines Zeugen nicht blos ein, sondern mehrere themata probanda zu erweisen im Stande ist. Die Aussage eines Zeugen ist daher auch nur so lange ein Zeugniß als sich dieselbe auf ein thema probandum erstreckt, ist dieselbe dagegen auf mehrere themata probanda zu beziehen, so enthält sie mehrere Zeugnisse. Dieses Verhältniß kann sich aber nicht blos dann ergeben, wenn verschiedene Partheien sich auf das Zeugniß desselben Zeugen berufen, sondern auch dann, wenn ein und dieselbe Parthei das Zeugniß eines Zeugen zum Erweise mehrerer Beweisthemata benutzt. Beispielsweise: N. N. wird in der Untersuchungssache gegen X. als Leumundszeuge benutzt, sodann, um Thatsachen anzuführen, welche die Unzurechnungsfähigkeit des Angeklagten zur Zeit der That darthun würden, falls derselbe wirklich der Thäter sein sollte, endlich bekundet der nämliche Zeuge noch Thatsachen, aus denen sich ergiebt, daß der Angeklagte gar nicht der Thäter gewesen ist. Ich glaube, daß in diesem Falle die Aussage des einen Zeugen drei verschiedene Zeugnisse enthält, weil drei verschiedene themata probanda durch dieselbe erwiesen werden. Nehmen wir nun an, alle diese Aussagen seien wissentlich falsch angegeben, es sei die auf jedes einzelne Beweisthema bezügliche Aussage eidlich bekräftigt worden, so könnte man in einem solchen Falle wohl von mehreren wissentlich falschen Zeugnissen sprechen. Doch aber werden alle diese Zeugnisse dadurch zu einem Ganzen verbunden, daß die mehreren themata probanda nur Theile eines und desselben Beweises sind. — Und nun glaube ich behaupten zu dürfen, daß wenn die Aussage eines Zeugen von der Beschaffenheit ist, daß durch dieselbe mehr als ein thema probandum des Beweises ein und derselben Parthei dargethan wird, dieser objektive Thatbestand die Möglichkeit sowohl des fortgesetzten Verbrechens wie auch der Verbrechenskonkurrenz enthält. Denn die Aussage des Zeugen als Ganzes aufgefaßt bietet ein Beweismittel für den ganzen Beweis der ihn producirenden Parthei und zerfällt in mehrere einzelne Theile, die Beweismittel für die einzelnen Beweisthemata. In einem solchen Falle würde ein nach § 126 zu strafendes Verbrechen nur anzunehmen sein, falls für die verschiedenen falschen Angaben Einheit der Absicht vorhanden wäre. Es kann aber auch jede auf ein neues Beweisthema sich beziehende falsche Aussage des Zeugen aus einer besonderen Absicht hervorgegangen sein und in diesem Falle müßte man sich natürlich für Verbrechenskonkurrenz entscheiden. — Ist dagegen die Aussage eines Zeugen für die Beweise zweier verschiedener Partheien von Einfluß und durch den Zeugen jeder dieser Beweise gefälscht, so fehlt es an der Gemeinschaftlichkeit des Angriffsobjektes so vollständig, daß in diesem Falle allerdings nur eine Konkurrenz falscher Zeugnisse gedacht werden kann.

VI. Vornahme unzüchtiger Handlungen. (Goltd. Archiv Bd. V. S. 100.) „Durch die Verdikte der Geschwornen ist der Angeklagte, ein Lehrer, schuldig erklärt worden, zu verschiedenen Zeiten mit vier verschiedenen unter 14 Jahre alten Schülerinnen seiner Schule unzüchtige Handlungen getrieben zu haben.

Der Schwurgerichtshof erwägt, daß den Angeklagten für die

gegen jedes der 4 Mädchen verübten Unzüchtigkeiten mindestens 2 Jahre Zuchthaus nach § 144 No. 3 treffen würden, und er erkennt daher im Ganzen auf 10 Jahre Zuchthaus.

Auf die Beschwerde des Angeklagten ist dieses Urtheil am 19. November 1856 wider Vorrmann von dem Ober-Tribunal in Beziehung auf das Strafmaß vernichtet, und es ist der Angeklagte nur zu 6 Jahren Zuchthaus verurtheilt; in Erwägung daß die Annahme des Schwurgerichtshofes, daß der Angeklagte die gesetzliche Strafe viermal verwirkt habe, unrichtig ist, da, wenn auch der Angeklagte unzüchtige Handlungen mit 4 verschiedenen Personen zu verschiedenen Zeiten vorgenommen hat, und in dieser Beziehung allerdings verschiedene selbständige Handlungen vorliegen, dieselben doch in sofern als ein Ganzes aufgefaßt werden können, als der Angeklagte nur wiederholt seine Stellung als Lehrer dazu gemißbraucht hat, mit seinen Schülerinnen unzüchtige Handlungen vorzunehmen;" (hätte also ein anderer als der Lehrer die Verbrechen begangen, so würde von einer Vereinigung der vier „selbständigen Handlungen" zu einem Ganzen nicht die Rede gewesen sein. Jeder andere hätte wegen Konkurrenz von 4 Verbrechen gestraft werden müssen, da indessen der Lehrer mit seinen Schülerinnen die Unzucht trieb, so wird es möglich, alles was gesündigt wurde in einem Verbrechen zu vereinigen; und die Zuchthausstrafe von 10 Jahren, die jeder andere verwirkt haben würde, kann für den Lehrer auf 6 Jahre herabgesetzt werden,!) „daß aber, auch wenn man von der Frage, ob nur ein Verbrechen oder 4 verschiedene Verbrechen vorliegen ganz absehen will, sich aus der Fassung des § 144 No. 3 des Strafgesetzbuches, welches im Gegensatze von § 144 No. 1 und 2 in der Mehrzahl von „unzüchtigen Handlungen" spricht, ergiebt, daß der Gesetzgeber bei der Strafbestimmung des § 144 No. 3 schon widerholte unzüchtige Handlungen im Auge gehabt hat, daß also auch eine Wiederholung solcher unzüchtigen Handlungen, sei es mit einer oder mit mehreren Personen unter 14 Jahren, nicht die volle Strafe des § 144 No. 3 für jede einzelne dieser Handlungen nach sich ziehen soll, sondern diese Wiederholung nur bei Arbitrirung des Strafmaßes in Betracht kommen darf."

Das Ober-Tribunal hat durch diese Entscheidung die durch

den Rechtsfall entstandenen Zweifel nicht beseitigt, sondern umgangen. Es bietet dieselbe aber der Kritik mehr als eine Blöße. Ich bemerke Folgendes:

1. Wenn gesagt wird: „wenn auch der Angeklagte unzüchtige Handlungen mit 4 Personen zu verschiedenen Zeiten vorgenommen hat, und in dieser Beziehung allerdings verschiedene selbständige Handlungen vorliegen, dieselben doch in sofern als ein Ganzes aufgefaßt werden können," so befriedigt dieser Entscheidungsgrund zunächst deswegen nicht, weil es nicht darauf ankommt, wie ein Rechtsfall aufgefaßt werden kann, sondern darauf wie er aufgefaßt werden muß. Sodann enthält auch dieser Entscheidungsgrund einen Widerspruch in sich selbst, da verschiedene selbständige Handlungen schlechterdings nicht als ein Ganzes aufgefaßt werden können, vielmehr jede selbständige Handlung ein Ganzes für sich bildet. Doch fühlte sich das Ober-Tribunal diesem Entscheidungsgrunde gegenüber selbst nicht ganz sicher und erklärt daher, von der Frage, ob nur ein Verbrechen oder 4 verschiedene Verbrechen vorliegen „ganz absehen" zu wollen.

2. Um dieses gänzliche Absehen von der zweifelhaften Frage zu rechtfertigen, giebt das Ober-Tribunal eine fehlerhafte Interpretation des § 144 No. 3. Die Bestimmung lautet: „wer mit Personen unter 14 Jahren unzüchtige Handlungen vornimmt." Aus der pluralen Fassung „unzüchtige Handlungen" folgert nun die oben mitgetheilte Entscheidung des Ober-Tribunals, daß die Vornahme nur einer unzüchtigen Handlung die volle Strafe des § 144 No. 3 nicht nach sich ziehen könne. Da nun nach Preußischem Rechte entweder die volle gesetzliche Strafe oder gar keine Strafe zu erkennen ist, so würde nach dieser Auffassung des Ober-Tribunals die Vornahme nur einer unzüchtigen Handlung straflos bleiben müssen. Wenn also beispielsweise ein Lehrer angesichts der übrigen Schüler und Schülerinnen einem noch nicht 14jährigen Mädchen die Kleider aufhebt, um an dem Anblicke der kindlichen Scham seine Sinne zu kitzeln, so würde diese Handlung straflos sein, da es nur eine unzüchtige Handlung ist, § 144 No. 3 aber von mehreren unzüchtigen Handlungen spricht. Zur Begründung dieser Ansicht stützt sich das Ober-Tribunal darauf, daß § 144 No. 1 und 2 von einer

unzüchtigen Handlung spricht, dagegen § 144 No. 3 von mehreren unzüchtigen Handlungen. Dabei ist aber übersehen, daß die Unzucht, von welcher § 144 No. 1 und 2 sprechen, genau präcisirt ist als Unzucht, welche auf Befriedigung des Geschlechtstriebes gerichtet ist und daß wegen dieser Beschränkung auf eine bestimmte Art der Unzucht das Gesetz der singulären Fassung „eine auf Befriedigung des Geschlechtstriebes gerichtete unzüchtige Handlung" sich bedienen konnte. In § 144 No. 3 dagegen kommt es auf die Art und Beschaffenheit der Unzucht gar nicht an, sondern jede Unzucht gleich viel welcher Art und Beschaffenheit an Personen unter 14 Jahren verübt, soll nach der Vorschrift dieses Gesetzes gestraft werden. Die Gleichgültigkeit hinsichtlich der Art und Beschaffenheit der Unzucht bestimmte die Gesetzgebung, sich für diesen Fall der pluralen Fassung zu bedienen. Der Gegensatz ist also nicht der, daß § 144 No. 1 und 2 von einer und No. 3 von mehreren unzüchtigen Handlungen spricht, sondern der, daß § 144 No. 1 und 2 von einer bestimmten Art der Unzucht handelt, No. 3 dagegen von Unzucht überhaupt. Es ist rein zufällig, höchstens sprachlich zweckmäßig, daß dort die singuläre, hier die plurale Fassung gewählt ist. Das Gesetz würde nicht im Geringsten einen anderen Sinn gehabt haben, wenn es umgekehrt gewesen wäre und bei No. 1 und 2 geheißen hätte: „unzüchtige auf Befriedigung des Geschlechtstriebes gerichtete Handlungen" und bei No. 3 „eine gleichviel wie beschaffene unzüchtige Handlung." Im ersten Bande des Goltdammer'schen Archivs findet sich eine Abhandlung von Herrn Geh. Ober-Tribunalsrath und Professor Dr. Heffter: „Bemerkungen über Anwendung und Auslegung des neuen Strafgesetzbuches." Diese so schätzenswerthe Abhandlung scheint, obwohl sie von einem Mitgliede desselben herrührt, doch bei dem Ober-Tribunal etwas in Vergessenheit gerathen zu sein. Ich glaube daher folgende Stelle derselben in Erinnerung bringen zu dürfen: „Auch in der französischen Rechtsgewöhnung hat man den Fundamental-Artikel 4 des code pénal (entspricht § 2 des St.-G.-B.) keineswegs so verstanden, daß er eine talmudistische Erklärung der Strafgesetze fordere, sondern es ist dessen ungeachtet einer freieren Auslegung, die sich aus ungekünstelter Erwägung der Worte nach gewöhnlichem Verständnisse ergiebt, Rechnung getragen worden. Sehr gut äußert sich darüber Rauter in seinem traité du droit criminel français T. I. No. 11. in folgender Weise: ... Toutefois, l'interprétation grammaticale de la loi pénale française procède, en général, d'après les mêmes principes que celle qui explique la loi civile, et nous n'admettons pas cette interprétation restrictive judaïque, si l'on peut s'exprimer ainsi, d'après laquelle le juge anglais, par exemple, refusa d'appliquer la peine de la bigamie à l'accusé déclaré par le jury coupable d'avoir contracté un troisième mariage, le second mariage subsistant encore. Ainsi le masculin employé par la loi dans la désignation d'un office, d'une fonction, d'une relation, comme lorsqu'elle dit: tuteur, administrateur, parent, maître, serviteur, renferme aussi le féminin; ainsi l'ordre et la défense, exprimés relativement à un objet ou à une chose d'une certaine espèce, concerne aussi l'acte ordonné ou défendu en tant qu'il aurait pour objet plusieurs de ces choses; et même reciproquement, si l'ordre ou la défense s'exprime relativement à plusieurs de ces objets, il concerne aussi ce cas ou l'acte prévu ne porterait que sur un seul d'entre eux, à moins que le contraire ne résulte évidemment de l'ensemble de la disposition ...."

Doch für den vorliegenden Fall hat das eben Gesagte nur die Bedeutung einer gelegentlichen Excursion, da ja von dem Angeklagten nicht eine, sondern mehrere unzüchtige Handlungen begangen sind.

3. Da das Ober-Tribunal glaubt davon absehen zu dürfen, ob in dem vorliegenden Falle nur eins oder 4 Verbrechen begangen sind, da es annimmt, § 144 No. 3 spreche schon von einer Wiederholung unzüchtiger Handlungen, sei es mit einer oder mehreren Personen unter 14 Jahren, so konnte dasselbe zu dieser Annahme füglich nur unter der Voraussetzung gelangen, daß § 144 No. 3 sowohl die Strafbestimmung für ein, wie auch für mehrere konkurrirende Verbrechen enthalte. Dafür spricht aber in der Wortfassung des Gesetzes gar nichts. Denn höchstens könnte man anführen, daß

§ 57 des Strafgesetzbuches die für konkurrirende Verbrechen festzusetzende Freiheitsstrafe auf das Maximum von 20 Jahren bestimmt, daß dieses Maximum auch für ein Verbrechen nach § 144 No. 3 erkannt werden dürfe, daß mithin die Strafgrenzen für ein Verbrechen dieselben wären als für eine Konkurrenz derselben, letztere also nur noch die Bedeutung eines Strafzumessungsgrundes habe. Ist aber diese Annahme richtig, so muß auch die Konsequenz derselben richtig sein, d. h. es muß für alle diejenigen Gesetze, deren Strafmaximum eine Freiheitsstrafe von 20 Jahren beträgt, behauptet werden, daß ihre Bestimmungen sich sowohl auf den Fall eines Verbrechens, wie auch auf den Fall mehrerer Verbrechen bezögen, mithin die Konkurrenz nur noch den Einfluß eines Strafzumessungsgrundes habe. Diese Konsequenz hat aber das Ober-Tribunal keinesweges gezogen, wie dieses schon die Entscheidungen zeigen, welche in Brandstiftungsfällen mit Bezug auf § 285, 287 getroffen sind. (Vergl. die oben unter IV. mitgetheilten Entscheidungen.) Und es kann auch richtig nur behauptet werden, daß wenn das Gesetz nicht ausdrücklich eine Konkurrenz von Verbrechen in seine Strafbestimmung hineingezogen hat, die etwa eintretende Konkurrenz niemals als bloßer Strafzumessungsgrund behandelt werden darf. Denn der Einfluß, welchen die Strafzumessungsgründe äußern, ist lediglich vom arbitrium des Richters abhängig, während der Einfluß, welchen die Konkurrenz auf die Bestrafung äußern soll, durch das Gesetz bestimmt ist, gegen welches das richterliche arbitrium nicht aufkommen kann.

4. Angenommen aber, mit Bezug auf § 144 No. 3 könnte die Konkurrenz nur als Strafzumessungsgrund in Betracht kommen, so würde daraus hinsichtlich der Fragestellung folgen, daß über das Vorhandensein der Konkurrenz der Richter keine Frage zu stellen brauchte, da die Strafzumessungsgründe, so weit dieselben nicht unter der Firma der mildernden Umstände auftreten, lediglich von dem rechtsgelehrten Richter festgestellt werden. Wenn nun aber der Richter durch irgend welchen Zufall veranlaßt, den Geschwornen hinsichtlich des Vorhandenseins eines Strafzumessungsgrundes eine Frage gestellt hätte, so würde diese Frage doch höchstens ein superfluum enthalten, von welchem nicht einzusehen ist, wie dasselbe eine

wesentliche Vorschrift des Verfahrens sollte unerfüllt gelassen und somit zur Vernichtung Veranlassung gegeben haben.

5. Die Entscheidung, welche in dem vorliegenden Falle das Ober-Tribunal abzugeben hatte, mußte folgendermaßen lauten:

In Erwägung, daß durch das Verdikt der Geschwornen festgestellt worden ist, der Angeklagte habe mit 4 verschiedenen Mädchen unter 14 Jahren unzüchtige Handlungen vorgenommen,

In Erwägung, daß die physische und psychische Integrität von 4 verschiedenen Mädchen unter 14 Jahren sich schlechterdings nicht als Theile ein und desselben Rechtes auffassen läßt, mithin die gegen jedes der 4 Mädchen vorgenommenen Schamlosigkeiten als selbständige Verbrechen aufgefaßt werden müssen, für deren jedes, wie der Schwurgerichtshof ganz richtig angenommen, der Angeklagte mindestens eine Zuchthausstrafe von 2 Jahren verwirkt haben würde,

In Erwägung, daß die von dem Schwurgerichtshofe festgesetzte Strafe von im Ganzen 10 Jahren Zuchthaus weder den Vorschriften des § 144 No. 3 noch denen der § 56, 57 No. 1 entgegen ist, mithin kein Grund vorliegt, die von dem Schwurgerichtshofe festgestellte Strafe irgendwie zu ändern,

So ist die Nichtigkeitsbeschwerde des Angeklagten zurückzuweisen.

VII. Bestechung. (Temme Archiv Bd. III. S. 67 — Bayern. —) „Der Landgerichtsarzt Dr. A. hatte sich, um junge Leute von der Conscription zu befreien, zu drei verschiedenen Malen, 1843, 1845, 1847, von verschiedenen Personen bestechen lassen. Er wurde von dem Gerichte in Würzburg wegen des fortgesetzten Amtsverbrechens der Bestechung unter Anklage gestellt. Er appellirte. Seine Appellation wurde verworfen. Er erhob die Nichtigkeitsbeschwerde." Nehmen wir an der Fall käme in Preußen vor, und es wären die Thatsachen des Referats festgestellt worden. Es würde dann die Frage entstehen, ob durch diese Thatsachen die Möglichkeit des fortgesetzten Verbrechens gegeben und ob demgemäß noch eine besondere Feststellung über Einheit oder Mehrheit der Handlung stattfinden müsse. Um diese Frage zu beantworten kommt es zunächst auf die Natur des durch die Bestechung angegriffenen Rechtes an. Dasselbe ist unmöglich mit ein Paar Worten zu bezeichnen und genügt es auf eine Erscheinungsform, auf eine Wirkung dieses Rechtes hinzuweisen, nämlich auf die Amtspflicht. Diese können wir als nächstes Angriffsobjekt der Bestechung festhalten. Die Amtspflicht in ihrer Totalität enthält aber verschiedene einzelne Pflichten, deren das Amt täglich neue erzeugt und deren jede als ein Theil der ganzen Amtspflicht, Objekt eines Angriffes bilden kann. Hieraus dürfte sich dann ergeben, daß wenn ein Beamter durch Annahme verschiedener Geschenke sich dazu bestimmen läßt, einzelne seiner Amtspflichten zu verletzen, darin sowohl die Möglichkeit mehrerer Verbrechen, wie auch die eines fortgesetzten Verbrechens enthalten ist. — Bei dieser Bemerkung kann es sein Bewenden haben, denn die Feststellung der Einheit oder Mehrheit der Absicht wird bei der fortgesetzten Verletzung der Amtspflicht in keiner anderen Weise bewirkt als bei jedem anderen fortgesetzten Verbrechen.

Zweiter Abschnitt.

Die Verbrechens-Konkurrenz.

§ 5.

Einleitung.

In dem vorhergehenden Abschnitte hatte ich darauf hingewiesen, daß alle strafbaren Handlungen (Verbrechen im weiteren Sinne des Wortes) theils rechtsverletzende (Verbrechen im engeren Sinne des Wortes), theils gefährliche, theils unsittliche Handlungen seien. — Bei der Entwickelung der Grundsätze, welche für die Verbrechens-Konkurrenz gelten, werde ich zunächst nur auf die strafbaren rechtsverletzenden Handlungen, die eigentlichen Verbrechen Rücksicht nehmen und sodann prüfen, in wie weit diese Grundsätze auch für die Konkurrenz der unsittlichen und der gefährlichen Handlungen in Anwendung zu bringen, oder welchen Modifikationen sie in dem einen oder dem anderen dieser Fälle zu unterwerfen sind. — Mit Bezug hierauf zerfällt dieser Abschnitt in zwei Kapitel.

Erstes Kapitel.

Die Konkurrenz mehrerer Verbrechen.

§ 6.

Begriffsbestimmung.

Ueber den Begriff der Verbrechens-Konkurrenz äußert sich Hälschner a. a. O. S. 495 Anm. 2. in folgender Weise: „Eine Konkurrenz von Verbrechen im technischen Sinne des Wortes findet statt, wenn mehrere noch nicht getilgte Verbrechen derselben Person gleichzeitig zu bestrafen sind" . . . ꝛc. In dieser Definition ist ein Wort zu viel, nämlich das Wort „gleichzeitig," und durch die Aufnahme dieses Wortes wird die Definition falsch. Eine Definition der Verbrechenskonkurrenz muß diejenigen und nur diejenigen Merkmale enthalten, bei deren Vorhandensein diejenigen Einflüsse sich geltend machen, welche als Folgen der Verbrechenskonkurrenz anerkannt werden. Nach dem Hälschner'schen Ausspruche, der sich übrigens S. 498 im Texte des § 148 und ebenso S. 499 — „Kann von einer Konkurrenz von Verbrechen nur die Rede sein, wenn wirklich mehrere Verbrechen vorliegen, welche gleichzeitig gestraft werden sollen" — der Sache nach wiederfindet, würden somit die Grundsätze über die Bestrafung der Verbrechens-Konkurrenz dann nicht anwendbar sein, wenn durch irgend welche Umstände die Gleichzeitigkeit der Bestrafung gehindert würde. Dieses ist nun aber zunächst für das Preußische Strafrecht als durchaus irrig zu konstatiren. Die gesetzliche Bestimmung, nach welcher es auf die Gleichzeitigkeit der Bestrafung nicht ankommt ist bekanntlich art. 131. Gesetz vom 3. Mai 1852, welches in der Praxis allerdings einigermaßen extensiv erklärt ist und zwar in der Weise, daß weder die Gleichzeitigkeit des Straferkenntnisses noch auch die Gleichzeitigkeit der Strafvollstreckung erforderlich ist, um die Wirkungen der Verbrechenskonkurrenz eintreten zu lassen (Vergl. Oppenhoff zu § 56 n. 27—32). Wenn daher Hälschner S. 529 sich in folgender Weise äußert: „Schließlich muß es als ganz richtig anerkannt werden, wenn die preußische

Praxis die über die Konkurrenz entscheidenden Grundsätze nicht blos dann zur Anwendung bringt, wenn es sich um die Feststellung der Strafe mehrerer Verbrechen in ein und demselben Urtheile handelt, sondern auch dann, wenn es sich um Bestrafung eines Verbrechers handelt, der andere gegen ihn erkannte Strafen noch gar nicht oder nicht ganz verbüßt hat. Nicht auf die Einheit des richterlichen Erkenntnisses, sondern nur auf die Gleichzeitigkeit der Bestrafung kann es ankommen" — so enthält diese Aeußerung zwei Unrichtigkeiten. Denn erstens beruht die Thatsache, welche Hälschner anführt, nicht auf der Praxis, sondern auf dem Gesetz; (der art. 131. Ges. vom 3. Mai 1852 wird von Hälschner nirgend erwähnt) und sodann ist dasjenige was als Praxis angeführt wird ohne allen Grund auf diejenigen Fälle beschränkt, in denen eine gleichzeitige Bestrafung, d. h. Strafvollstreckung stattfindet; vielmehr muß behauptet werden, daß wenn der Verbrecher durch die Begehung einer Anzahl Verbrechen eine bestimmte Strafe verwirkt hat, diese Strafe das schlechterdings konstante ist, mag nun die processualische Behandlung sich gleichzeitig auf alle oder nur auf eins der begangenen Verbrechen erstrecken, mag der Angeklagte die von ihm verwirkte Strafe als solche verbüßen, oder mag er sie verbüßen, indem der Richter die Existenz der übrigen Verbrechen nicht kennend, für eins oder das andere Verbrechen eine bestimmte Strafe ausgesprochen hat, und sich nachher überzeugt, daß mit der Verbüßung dieser Strafe auch die übrigen von dem Verurtheilten noch begangenen Verbrechen entweder ganz oder doch wenigstens zum Theil mit verbüßt seien. (Vergl. hiezu Oppenhoff § 57 n. 27: „Dabei ist es dann auch unbedenklich statthaft, auszusprechen, daß mit Rücksicht auf die früher verhängte Strafe ein Vollzug der jetzt wegen des neuen Falles arbitrirten nicht stattfinden, daß vielmehr jene, wenn wirklich vollstreckt, für beide Handlungen ausreichen solle, sobald dieselbe nur nicht geringer war, als das durch die zweite That an sich verwirkte Strafmaß; nur muß man dabei die Fassung vermeiden: dem Angeklagten sei die früher verhängte Strafe auf den neuen Straffall „anzurechnen;" —" diese Fassung muß deswegen vermieden werden, weil es danach den Anschein gewinnen könnte, als müßte der Angeklagte die von ihm bereits verbüßte Strafe von Rechtswegen eigentlich noch einmal verbüßen, während er die für das neu zur Sprache kommende Verbrechen verwirkte Strafe bereits verbüßt hat. —) Auch ist es ja bekannt, daß die früher verbüßte Strafe den Einfluß äußert, daß bei einer etwaigen Zusatzstrafe unter das gesetzliche Minimum der 2jährigen Zuchthausstrafe hinabgegangen werden kann.

Erklärlich ist es mir allerdings, weshalb Hälschner dieses Faktum des Preußischen Rechts ignorirte. Bei der Darstellung der Grundsätze nämlich, welche für die Bestrafung maßgebend sind, wird anzuführen sein, daß nach der Anschauung auch Hälschners die Abweichungen von dem strengen Kumulationsprinzip sich nur daraus erklären, daß bei einer gemeinschaftlichen Verbüßung der für alle Verbrechen verwirkten Strafen die Schwere derselben nicht in arithmetischer sondern in geometrischer Progression zunehme und deswegen die Gerechtigkeit es fordere, die nach dem strengen Kumulationsprinzipe gefundene Strafe herabzusetzen. Dieser Gedanke ist aber nur brauchbar, falls die Verbrechenskonkurrenz gleichzeitige Bestrafung aller begangenen Verbrechen voraussetzt; es erklärt dieser Gedanke aber ganz und gar nicht die erfahrungsmäßig konstatirte Nothwendigkeit der Abweichung vom strengen Kumulationsprinzip, sobald die Wirkungen der Verbrechenskonkurrenz sich auch bei nicht gleichzeitiger Bestrafung zeigen. — Wenn nun ein theoretischer Gedanke eine wirklich vorhandene Erscheinung nicht zu erklären vermag, ist es dann wohl eine richtige Methode, diese Erscheinung zu ignoriren? Meines Erachtens sind dann nur zwei Möglichkeiten vorhanden, nämlich entweder muß statt des unausreichenden theoretischen Grundsatzes ein ausreichender, auch diese Erscheinung mit erklärender gefunden, oder es muß diese Erscheinung selbst als eine unberechtigte dargethan werden. Das letztere dürfte vielleicht schwierig sein. Denn es lassen sich selbst einige Beispiele anführen, wo das Gesetz die gleichzeitige Bestrafung als Moment der Verbrechenskonkurrenz aufzustellen schien, doch aber die Praxis diese Bestimmung so zu erläutern wußte, daß sie durch dieselbe nicht gehindert wurde, auch bei nicht gleichzeitiger Bestrafung die Wirkungen der Verbrechenskonkurrenz eintreten zu lassen. Ich theile ein Urtheil mit, wie es sich bei Temme Bd. II. S. 310 findet. Das Königlich Sächsische Strafgesetzbuch von 1838 bestimmte nämlich art. 50: „Hat jedoch Jemand mehrerer noch unbestrafter Diebstähle, Veruntreuungen oder Betrügereien ꝛc. ꝛc. sich schuldig gemacht, so ist, insoweit diese Verbrechen nach gleichen Grundsätzen in Hinsicht auf die Abmessung der Strafe nach dem Betrage zu beurtheilen sind, der Betrag der Verbrechen derselben Art, so wie der nach art. 59 damit gleichartigen zusammenzurechnen, und hiernach die den Verbrecher treffende Strafe zu bestimmen." Das Ober-Appellationsgericht zu Dresden äußert sich über dies Gesetz in folgender Weise: „Das Kriminalgesetzbuch hat zwar im 49. Art. als Regel den Grundsatz aufgestellt, daß, wenn ein Verbrecher durch mehrere Handlungen, welche nicht als Fortsetzung desselben Verbrechens anzusehen, sich mehrerer Verbrechen schuldig gemacht hat, in der Regel die sämmtlichen, durch die verschiedenen Verbrechen verwirkten Strafen gegen ihn zu erkennen seien. Von dieser Regel ist jedoch im 50. Artikel eine Ausnahme für den Fall begründet, wenn jemand mehrere, noch unbestrafte Diebstähle, Veruntreuungen oder gleichartige Verbrechen verübt hat und diese Verbrechen nach gleichen Grundsätzen in Hinsicht auf die Abmessung der Strafe nach dem Betrage zu beurtheilen sind. In diesem Falle soll der Betrag zusammengerechnet und hiernach die von dem Verbrecher verwirkte Strafe bestimmt werden. Nun könnte es zwar wegen der Worte: „noch unbestrafter Diebstähle" das Ansehen gewinnen, als ob bei Fällung eines Straferkenntnisses auf die bereits durch Strafe verbüßten Verbrechen in keiner Weise und selbst nicht insoweit Rücksicht zu nehmen sei, als dies zum Vortheil des Angeschuldigten gereichen würde. Allein dieser Ansicht vermag das Appellationsgericht nicht beizustimmen. Durch die Vorschrift wegen Zusammenrechnung des Betrages gleichartiger, aus gewinnsüchtiger Absicht begangener Verbrechen gegen das Eigenthum ist der Grundsatz ausgesprochen, daß dergleichen Verbrechen, der Betrag derselben sei zur Zeit des zu fällenden Erkenntnisses so groß, als er wolle, nicht mit einer härteren Strafe zu ahnden sind, als das Gesetz selbige nach dem höchsten Maßstabe bestimmt hat. Es würden aber offenbar härtere Strafen zur Anwendung kommen, wenn, nachdem wegen eines oder mehreren dergleichen Verbrechen die höchste im Gesetz angedrohte Strafe bereits erkannt und nach

Befinden vollstreckt worden, später wegen anderer Verbrechen gleicher Art, welche früher, als die schon bestraften, verübt, aber erst nachher zur Kenntniß des Richters (an und für sich, oder hinsichtlich des Urhebers) gelangt sind, anderweit Strafen erkannt und vollstreckt werden sollten. Der Grundsatz, daß Verbrechen, gegen das Eigenthum in gewinnsüchtiger Absicht verübt, soweit sie nach dem Betrage des widerrechtlich angemaßten Guts zu bestrafen, behufs der zu erkennenden Strafe zusammenzurechnen sind, ist allgemein, und weder darauf, daß die Verbrechen, welche der Angeschuldigte, als er zur Untersuchung gezogen und mit Strafe belegt wurde, bereits begangen hatte, alle bekannt waren, noch darauf, daß die Untersuchung von einem und demselben Richter geführt werde, beschränkt. Diesem Grundsatz würde es unläugbar widerstreiten, wenn, nach bereits erkannter höchster Strafe wegen dergleichen Verbrechen, wegen anderer, welche zur Zeit des Erkenntnisses bereits verübt waren, anderweite Strafe erkannt und vollstreckt würde, ungeachtet diese Verbrechen, wenn sie gleichzeitig mit den bestraften Gegenstand der Untersuchung geworden wären, keinen Einfluß auf das Strafmaß gehabt haben würden. Wollte man annehmen, daß ein Angeschuldigter, sobald er wegen eines Verbrechens in Untersuchung gezogen worden, die Verbindlichkeit habe, unaufgefordert Verbrechen einzuräumen, deren Verübung er sich bewußt war, der Richter möge auf selbige die Untersuchung gerichtet haben oder nicht, so würde hieraus dennoch nicht folgen, daß, wenn der Angeschuldigte dieser Verbindlichkeit nicht nachkomme, derselbe wegen Verbrechen, welche außerdem durch eine erkannte Strafe mit verbüßt werden würden, besonders zu bestrafen sei. Allerdings ist es unzweifelhaft, daß neue Verbrechen, welche erst nach geschlossener Untersuchung verübt wurden, besonders zu bestrafen sind. Dagegen erfordert die Vorschrift wegen Zusammenrechnung gleichartiger Verbrechen, daß, wenn später andere, aber früher verübte Verbrechen derselben Art zur Sprache kommen, behufs der Entscheidung der Frage: ob deshalb anderweit Strafe erkannt werden könne? zu untersuchen sei, ob und welchen Einfluß die früher verübten, aber erst neuerlichst bekannt gewordenen Verbrechen auf das verwirkte Strafmaß gehabt haben würden, wenn dieselben gleichzeitig mit denjenigen Verbrechen, wegen welcher bereits eine Strafe erkannt worden ist, zur Untersuchung gelangt wären. Hatte daher z. B. A. wegen gleichartiger Verbrechen gegen das Eigenthum bereits die höchste Strafe, welche deshalb angedroht, verbüßt, so kann derselbe wegen anderer Verbrechen derselben Art, welche zur Zeit des gefällten Erkenntnisses bereits verübt waren, nicht mit weiterer Strafe belegt werden. Erreicht dagegen die früher erkannte Strafe das höchste im Gesetz vorgeschriebene Maß nicht, so kann selbige um so viel erhöht werden, als dies geschehen sein würde, wenn alle Verbrechen derselben Art gleichzeitig zur Untersuchung und Bestrafung gelangt wären."

Ausdrücklich nimmt diese Entscheidung allerdings nur auf den Fall Rücksicht, daß die Verbrechenskonkurrenz durch mehrere gleichartige und zwar Vermögensverbrechen gebildet werde. Die Gründe aber, durch welche der Satz, daß die Wirkungen der Verbrechenskonkurrenz nicht die gleichzeitige Bestrafung aller begangenen Verbrechen fordere, dargethan wird, sind von der Beschaffenheit, daß durch sie dieser Satz nicht blos soweit er sich auf die hier erwähnte Art der Verbrechen bezieht, sondern in seiner vollen und ganzen Allgemeinheit gestützt wird [1]).

Es genügt hier die Thatsache zu konstatiren, daß das wirklich lebendige Recht die Wirkungen der Verbrechenskonkurrenz nicht von der Gleichzeitigkeit der Bestrafung abhängig macht. Dieses Faktum ist um so bedeutsamer, als keineswegs überall äußerlich zwingende Vorschriften aufgefunden werden können, durch welche dasselbe hervorgerufen ist. Weiter unten wird auf diese Erscheinung noch zurückzukommen sein. Bis jetzt halte ich dieselbe schon für ausreichend genug, um abweichend von Hälschner zu sagen: Eine Verbrechenskonkurrenz findet statt, wenn mehrere noch nicht getilgte Verbrechen derselben Person zu bestrafen sind.

Diese Definition enthält dann folgende einzelne Momente:

1. Es müssen mehrere Verbrechen begangen sein, d. h. es muß vorhanden sein:

---

[1]) Dieselben Grundsätze erkennt die bayrische Praxis an. Vergl. Temme II. S. 316. 318.

a. Mehr als ein angegriffenes Recht. Diesem Erfordernisse wird auch alsdann genügt, wenn mehrere selbständige Theile eines und desselben Rechtes verletzt werden. Der selbständige Theil eines Rechtes kann ja nach der Willensbestimmung des Thäters bald als Theil, bald als selbständiges Recht aufgefaßt werden. Dies ist oben ausführlich gezeigt. Jeder objektive Thatbestand eines Verbrechens, welcher die Möglichkeit der Annahme eines fortgesetzten Verbrechens gestattet, läßt auch die Möglichkeit der Verbrechenskonkurrenz zu. — Der Irrthum des Thäters konnte bei Verletzung mehrerer Rechte den Einfluß äußern, daß demselben nur ein begangenes Verbrechen zugerechnet werden durfte. Unmöglich ist es, daß, wenn nur ein Recht oder ein selbständiger Theil eines Rechtes verletzt wurde, der Irrthum des Thäters Veranlassung werden könnte, demselben mehr als ein Verbrechen zuzurechnen. Denn der Irrthum ist ein Strafausschließungsgrund, der allerdings in verschiedenem Umfange seine Wirksamkeit äußert, niemals aber ein die Strafbarkeit bedingender Umstand.

b. Mehrheit der Absicht. Sind mehrere selbständige Rechte angegriffen, so ist Mehrheit der Absicht allemale vorhanden, falls nicht durch Irrthum veranlaßt der Thäter die mehreren selbständigen Rechte für Theile ein und desselben Rechtes hielt. Sind mehrere Theile ein und desselben Rechtes verletzt worden — resp. hat der Thäter irrthümlich mehrere selbständige Rechte für Theile ein und desselben Rechtes gehalten — so muß über Einheit oder Mehrheit der Absicht eine besondere thatsächliche Feststellung erfolgen. —

Mehrheit des verletzten Rechts und Mehrheit der Absicht begründen selbstverständlich

c. Mehrheit der Handlung. Es würde ein Widerspruch sein von mehreren Handlungen und einem Verbrechen, oder von mehreren Verbrechen und einer Handlung zu sprechen. (Vergl. oben § 2 unter 1, woselbst des Weiteren der Satz ausgeführt ist: Ein Verbrechen besteht nur in einer verbrecherischen Handlung.)

2. Die mehreren Verbrechen müssen ungetilgt sein. Dies ist so zu verstehen, daß die mehreren Verbrechen nicht durch

eine Verurtheilung getrennt sein dürfen: vielmehr können nur diejenigen Verbrechen als konkurrirende behandelt werden, welche bereits begangen sind, bevor wegen eines derselben eine Verurtheilung stattgefunden hat. Die nach einer Verurtheilung begangenen Verbrechen können mit denen vor einer Verurtheilung begangenen niemals in Konkurrenz gestellt werden.

3. Die mehreren Verbrechen müssen von ein und demselben Thäter begangen sein. Verbrecherische Handlungen verschiedener Thäter begründen niemals Konkurrenz.

Die eben angeführten Grundsätze beziehen sich lediglich auf die Konkurrenz doloser Verbrechen. Hinsichtlich der Konkurrenz culposer Verbrechen äußert sich Hälschner a. a. O. S. 498 in folgender Weise: „In dieser Beziehung bedarf aber ein bisher noch außer Acht gelassener Punkt der Berücksichtigung. Es kann das Verbrechen auch unabsichtlich, culpose begangen werden. Bestraft wird aber auch in diesem Falle nicht bloß das Bewirken der Beschädigung eines rechtlichen Gutes, sondern das schuldhafte Verhalten des Willens, die strafbare Handlung. Was als fahrlässige Handlung zu bestrafen sei, ist darum auch nicht in Rücksicht auf den gesetzwidrigen Erfolg, sondern in Rücksicht auf die Willensrichtung zu bestimmen. Wie also der Handelnde denselben Willensakt zugleich auf die Verwirklichung verschiedener Absichten beziehen kann, so kann auch sein Wille unabsichtlich auf eine Mehrheit strafbarer Erfolge gerichtet sein, und es liegt dann eine Mehrheit fahrlässiger Handlungen vor, wofern nur rücksichtlich eines jeden dieser Erfolge wirklich ein schuldhaftes Verhalten des Willens stattgefunden hat. Bei einem jeden fahrlässigen Verbrechen ist aber keineswegs etwa die gesammte Thätigkeit eine unabsichtliche, sondern ist nothwendig immer auf eine Absicht bezogen, mit und neben welcher sich das nicht Beabsichtigte verwirklicht. Die fahrlässige Handlung setzt also immer zugleich eine absichtliche voraus, auf welche die Thätigkeit gleich sehr bezogen ist, obwohl diese absichtliche Handlung strafrechtlich natürlich nur soweit in Betracht kommt, insofern sie selbst eine verbrecherische ist. Wenn demnach aus einem dolosen Verbrechen sich zugleich eine strafbare culpose Rechtsverletzung ergiebt, so liegen in solchem Falle stets zwei verschiedene strafbare Handlungen vor." —

Ich habe diese Stelle zunächst in ihrem Zusammenhange vorführen zu müssen geglaubt, ehe ich die Einzelnheiten derselben einer Prüfung unterziehen mochte. Hälschner will uns auf einen Punkt aufmerksam machen, der bisher noch in der Lehre von der Verbrechenskonkurrenz außer Acht gelassen ist. Dieses Neue können wir in dem Schlußsatze: „Wenn demnach aus einem dolosen Verbrechen sich zugleich eine strafbare culpose Rechtsverletzung ergiebt, so liegen in solchem Falle stets zwei verschiedene strafbare Handlungen vor" — unmöglich erblicken. Denn daß die culpa dolo determinata Konkurrenz eines dolosen und eines culposen Verbrechens sei, daß die culpa dolo determinata demgemäß zwei Handlungen enthalte, das ist jedenfalls etwas Bekanntes und schon oft Berührtes. Das Neue müssen wir also in den diesem Schlußsatze voraufgehenden Deduktionen vermuthen. Hälschner beginnt: 1) Es kann das Verbrechen auch unabsichtlich, culpose begangen werden. Bestraft wird aber auch in diesem Falle nicht bloß das Bewirken der Beschädigung eines rechtlichen Gutes, sondern das schuldhafte Verhalten des Willens die strafbare Handlung." Dieser Satz enthält einen Verstoß gegen den deutschen Sprachgebrauch, da einem „nicht bloß" keineswegs ein „sondern," vielmehr ein „sondern auch" entspricht. Dieser Sprachfehler wird aber für Hälschner Veranlassung zu einem Fehler in der Sache selbst. Behält man nämlich von dem mitgetheilten Satze nur die Schlußworte im Gedächtnisse so könnte es scheinen, als ob bei dem culposen Verbrechen nur das schuldhafte Verhalten des Willens gestraft würde, da das zuletzt gebrauchte „sondern" auf ein voraufgegangenes „nicht" schließen läßt. Wie leicht dieses Mißverständniß entstehen kann, hat Hälschner selbst gezeigt; denn auch er hat nur die letzten Worte seines Satzes im Gedächtnisse behalten und fährt demgemäß in folgender Weise fort: 2) „Was als fahrlässige Handlung zu betrachten sei, ist darum auch nicht in Rücksicht auf den gesetzwidrigen Erfolg, sondern in Rücksicht auf die Willensrichtung zu bestimmen." Dieser Satz sagt uns also, daß bei dem culposen Verbrechen auf den Erfolg gar nicht Rücksicht zu nehmen sei, sondern nur und ausschließlich auf die Willensrichtung. Indem dieser Satz als Folgerung des früheren (durch das „darum") hingestellt wird, zeigt es sich daß nur die letzte Hälfte des früheren Satzes, welche durch das „sondern" eingeleitet war, zur Schlußfolgerung benutzt ist. Denn, daß der zuletzt mitgetheilte Satz mit der ersten Hälfte des früheren „bestraft wird nicht bloß das Bewirken der Beschädigung" in vollkommenem Widerspruch steht, braucht nicht erst gesagt zu werden; denn wenn auch außer dem Bewirken der Beschädigung noch etwas anderes auf die Strafe von Einfluß ist, so ist doch auch dieses Bewirken der Beschädigung ebenfalls von Einfluß. Jetzt werden wir aber belehrt, daß bei Bestrafung des culposen Verbrechens auf die Beschädigung gar nicht Rücksicht zu nehmen sei, sondern daß es lediglich auf die Willensrichtung ankomme. Allerdings etwas Neues, aber auch zugleich etwas so total Falsches, daß eine Widerlegung desselben wirklich nicht nöthig ist. — Darauf äußert sich Hälschner in folgender Weise: 3) „Wie also der Handelnde denselben Willensakt zugleich auf die Verwirklichung verschiedener Absichten beziehen kann, so kann auch sein Wille unabsichtlich auf eine Mehrheit strafbarer Erfolge gerichtet sein, und es liegt dann eine Mehrheit fahrlässiger Handlungen vor, wofern nur rücksichtlich eines jeden dieser Erfolge wirklich ein schuldhaftes Verhalten des Willens stattgefunden hat." Ich verstehe nicht, wie ich diesen Satz mit dem unter 2) Gesagten zusammenreimen soll. Denn dort hieß es, auf den Erfolg komme es bei der Bestrafung des culposen Verbrechens nicht an. Hier dagegen werden die Erfolge als strafbare bezeichnet; und doch soll dieser Satz eine Schlußfolgerung aus dem voraufgegangenen sein, wie dieses durch das „also" wenigstens angedeutet zu sein scheint. Aber ich verstehe diesen Satz auch nicht hinsichtlich seines ihm eigenthümlichen Inhaltes. Wenn ich meinen Willen auf einen strafbaren Erfolg richte, so ist meines Erachtens nach Absicht vorhanden, wie ich es aber anfangen soll, um meinen Willen unabsichtlich auf einen oder auf mehrere strafbare Erfolge zu richten, das, muß ich aufrichtig bekennen, weiß ich nicht und deswegen ist mir der Sinn dieses Satzes unverständlich geblieben. Allerdings glaube ich den Gedanken, welchen Hälschner hat ausdrücken wollen, zu errathen. Sollte ich richtig gerathen haben, so werde ich auch den Nachweis führen, daß Hälschner etwas Unrichtiges gedacht hat. Doch ehe ich darauf eingehe bleibt noch eine Beleuchtung der noch nicht erwähnten Worte übrig. 4) „Die fahrlässige Handlung setzt also immer zugleich eine absichtliche voraus, auf welche die Thätigkeit gleich sehr bezogen ist, obwohl diese absichtliche Handlung strafrechtlich natürlich nur in Betracht kommt, insofern sie selbst eine verbrecherische ist." Also jede fahrlässige Handlung ist zugleich auch eine absichtliche Handlung! d. h. denn keine fahrlässige Handlung kann für sich allein bestehen; jede fahrlässige Handlung enthält eine Konkurrenz von absichtlicher und fahrlässiger Handlung; jede fahrlässige Handlung ist culpa dolo determinata, deren doloses Element nur mitunter nicht gestraft wird.!! Der Fehler Hälschner's liegt in Folgendem: Allerdings enthält die culpose Handlung ein doloses Moment; denn derjenige dem culpa zugerechnet werden darf, wollte die gefährliche Thätigkeit begehen. Will Hälschner dieses dolose Moment als dolose Handlung bezeichnen, so bleibt ihm für die culpose Handlung nichts weiter übrig als der an die gefährliche Handlung sich anschließende schädliche Erfolg. Ist aber der schädliche Erfolg an und für sich betrachtet culpose Handlung, so muß man auch die Consequenz ziehen und sagen, daß überall wo ein schädlicher Erfolg eintritt, eine culpose Handlung existire, man mag dann jeden casus als culpa bezeichnen. Die culpose Handlung ist aber erst dann vorhanden, wenn aus der gewollten gefährlichen Handlung der schädliche Erfolg sich ergab. —

Das sind die Punkte, die bisher noch „außer Acht" gelassen sind und Hälschner's Meinung nach der Berichtigung bedürfen. —

Doch ich erwähnte schon bei dem unter 3) besprochenen Hälschner'schen Satze, daß, so unverständlich derselbe auch sei, ich dasjenige, was derselbe habe ausdrücken sollen, zu errathen glaube. Nehmen wir folgendes Beispiel: Es beabsichtigt jemand mehr als einen Menschen zu tödten, und zwar durch ein und denselben Schuß. In diesem Falle würde ein und derselbe Willensakt — der abgefeuerte Schuß — auf die Verwirklichung verschiedener Absichten bezogen werden. Nun kann es aber auch vorkommen, daß mehrere Menschen durch einen Schuß getödtet werden, ohne daß die Tödtung derselben beabsichtigt war. Es war vielmehr nur beabsichtigt das Schießen unter gefährlichen Umständen. Will Hälschner — ich weiß nicht ob er es will, aber ich glaube, daß es so ist — in diesem Falle sagen, der Wille desjenigen, der ein Gewehr auf offener Straße abschieße, sei unabsichtlich auf die Mehrheit der strafbaren Tödtungen gerichtet, so ist das ein ganz verschrobener Ausdruck und will Hälschner behaupten, daß, da jeder dieser Erfolge auf ein schuldhaftes Verhalten des Willens zurückzubeziehen sei, (denn jeder dieser Erfolge entsprang ja aus der gewollten gefährlichen Handlung) daß, sage ich, aus diesem Grunde in dem vorstehenden Beispiele eine Mehrheit von culposen Handlungen vorhanden sei, so halte ich dieses für einen Fehler. Denn, soll eine Handlung als eine culpose erkannt werden, so muß sie nicht blos ein schuldhaftes Verhalten des Willens enthalten — nämlich das Wollen der Gefahr — sondern auch einen schädlichen Erfolg. Der schädliche Erfolg zusammen mit der gewollten Gefahr machen in ihrer Totalität die culpose Handlung aus. Und zwar muß man sagen, daß der ganze schädliche Erfolg, welcher sich aus einer und derselben gefährlichen Handlung entwickelt, zu einer und derselben culposen Handlung gehöre. Es ist ganz willkührlich zu behaupten, nur ein Theil dieses Erfolges gehöre zu einer culposen Handlung, ein anderer dagegen nicht; denn nirgends finden wir eine Bestimmung, einen Grundsatz, der uns darüber aufklärte wie viel von dem aus der Gefahr entstandenen Schaden wir einer culposen Handlung zurechnen dürfen; es kann hierüber vielmehr nur ein Grundsatz existiren nämlich der: daß der ganze Schade, welcher aus einer und derselben gewollten Gefahr entsteht, als ein culposes Verbrechen zu behandeln sei. Somit entscheidet sich also die Frage nach Einheit oder Mehrheit der culposen Verbrechen nach dem Vorhandensein einer oder mehrerer gefährlichen Handlungen, deren jede in Verbindung mit dem aus ihr entstandenen Schaden die culpose Handlung bildet; d. h. es sind eben so viele, aber auch nur so viele culpose Verbrechen vorhanden als gefährliche von einem schädlichen Erfolge begleitete Handlungen begangen worden sind. —

Höchst instruktiv ist für das eben Ausgeführte ein in der bayrischen Praxis vorgekommener Fall, den Temme (Bd. II. S. 299) mittheilt. „Der Landgerichtsarzt Dr. Hübner hatte von einem kränklichen Kinde, dessen Mutter vor der Geburt desselben an der Syphilis gelitten, ohne das Kind vorher vorschriftsmäßig untersucht zu haben, acht Kinder geimpft. Jenes Kind starb bald nachher; die acht geimpften Kinder wurden von einem syphilitischen Ausschlage befallen, an welchem sie über 30 Tage lang krank waren, und steckten auch noch neun andere Personen an, die mit ihnen in unmittelbare Berührung gekommen waren. H. wurde des Vergehens der Körperverletzung aus grober Fahrlässigkeit an acht Kindern schuldig erkannt. Auf seine Nichtigkeitsbeschwerde vernichtete das Ob.-App.-Ger. zu München (im J. 1854) das Erkenntniß, in Betreff der von dem früheren Richter angenommenen Konkurrenz von acht Verbrechen aus folgenden Gründen:

„Der Umstand, daß, wenn der Beschuldigte jedes der acht Kinder mit rechtswidrigem Vorsatze durch die Impfung in der angegebenen Art beschädigt hätte, acht strafrechtliche Fälle in realer Konkurrenz vorgelegen wären, rechtfertigt die Folgerung nicht, daß auch die durch Fahrlässigkeit mittelst der Impfung von dem syphilitischen Kinde den acht Kindern zugefügten Beschädigungen nun ebenso viele Vergehen der Körperverletzung in realer Konkurrenz ausmachen. Denn im Falle des rechtswidrigen Vorsatzes hätte dieser bei der Impfung eines jeden der acht Kinder immer von Neuem gefaßt werden müssen, und wäre sohin bei der Impfung eines jeden Kindes ein für sich selbständiger gewesen. Die Beschädigung der acht Kinder blos durch Fahrlässigkeit dagegen hat ihren Grund lediglich in der Unterlassung einer sorgfältigen Untersuchung des angewandten Impfstoffes. Die Beschädigung eines jeden der acht Kinder ist sohin nur die immer wieder sich einstellende Folge dieser Unterlassung. Aus diesem Grunde ist bei Ausmittelung der Strafe des dem Beschuldigten zur Last liegenden Einen, bei einem jeden der acht Kinder sich immer nur fortsetzenden, Vergehens der fahrlässigen Körperverletzung der art. 110, und nicht der art. 109 des St.-G.-B. maßgebend, und die Beschädigung von mehreren Kindern in Folge einer und derselben Fahrlässigkeit giebt nur einen Erschwerungsgrund ab“ [1]).

---

[1]) art. 109 entspricht Preußen St.-G.-B. § 56. art. 110 dem § 55. Ueberdem enthält der art. 110 noch die Bestimmung über die Strafschärfung beim fortgesetzten Verbrechen.

Für das preußische Recht muß aber auch behauptet werden, daß wenn aus der Vornahme einer gefährlichen Handlung sich mehrere schädliche Erfolge ergeben, doch immer nur ein culposes Verbrechen angenommen werden kann, und wird die Strafe in einem solchen Falle nach der Vorschrift des § 55 abzumessen sein. In mehreren Fällen ist auch entsprechend diesem Grundsatze die Strafe gesetzlich normirt worden:

1. Wenn in Folge einer culposen Brandstiftung ein Mensch das Leben verloren hat, so soll nicht die culpose Brandstiftung und die culpose Tödtung gestraft werden, sondern es soll nur die Strafe für die culpose Tödtung erkannt werden (§ 288, vergl. mit § 184).

2. Wenn durch ein und dieselbe gefährliche Handlung eine Telegraphenanstalt zerstört wird und ein Mensch in Folge dessen das Leben verliert, so ist die Strafe trotz des doppelten schädlichen Erfolges doch nur die einfache einer culposen Tödtung (§ 298).

3. Wer fahrlässigerweise Wasserleitungen, Schleusen rc. beschädigt, so mögen daraus noch so viele rechtliche Güter verletzt werden, es ist immer nur eine culpose Handlung, welche im höchsten Maße mit 6 Monaten Gefängniß gestraft werden darf. Ist unter den schädlichen Erfolgen auch die fahrlässige Tödtung eines Menschen zu beklagen, so bleibt es bei der Strafe für die culpose Tödtung (§ 301 al. 3. Vergl. weiter die Bestimmungen der §§ 302 al. 3; 303 al. 3 und 304 al. 3). Nur eine Abweichung von dem Grundsatze, daß falls unter den mehreren Erfolgen einer fahrlässigen Handlung auch die Tödtung eines Menschen vorkommt, es bei der Strafe für die culpose Tödtung sein Bewenden habe, findet sich im St.-G.-B. § 295. Derjenige, der fahrlässigerweise den Transport auf einer Eisenbahn in Gefahr setzt, soll, wenn in Folge dessen ein Mensch das Leben verloren hat, mit Gefängniß von 2 Monaten bis 3 Jahren gestraft werden. Doch kann selbst in diesem Falle, wenn abgesehen von der Tödtung eines Menschen noch andere Schäden an Gesundheit und Vermögen eingetreten wären, das maximum der Strafe für culpose Tödtung allein erkannt werden. Die Erhöhung des maximum der Strafe um 1 Jahr erklärt sich nicht daraus, daß außer der Tödtung eines Menschen noch andere schädliche Erfolge eingetreten sind, sondern aus der Größe der Gefahr, deren

sich jeder bewußt werden muß, welcher mit Bezug auf die Eisenbahnen die erforderliche Sorgfalt nicht beobachtet.

Für die Praxis dürften sich aus dem Vorhergehenden folgende Vorschriften entnehmen lassen. Soll eine Konkurrenz culposer Verbrechen angenommen werden können, so muß sich feststellen lassen:

1. mehr als ein verletztes Recht. Mehrere selbständige Theile ein und desselben Rechts sind mehreren selbständigen Rechten gleichzustellen.

2. mehr als eine gefährliche Handlung, aus deren jeder einer oder mehrere der rechtsverletzenden Erfolge hervorgegangen sind.

3. Sind schädliche Erfolge festgestellt, welche auf eine gefährliche Handlung nicht zurückgeführt werden können, oder sind gefährliche Handlungen festgestellt, welche keinen schädlichen Erfolg erzeugten, so bleibt dies wie jenes für die Bestimmung der Anzahl der culposen Verbrechen ganz ohne Einfluß.

§ 7.

Anwendung der Theorie auf das Preußische Strafgesetzbuch §§ 55 und 337.

§ 55. Wenn ein und dieselbe Handlung die Merkmale mehrerer Verbrechen oder Vergehen in sich vereinigt, so kommt das Strafgesetz zur Anwendung, welches die schwerste Strafe androht.

§ 337. Wenn eine und dieselbe Handlung die Merkmale mehrerer Uebertretungen in sich vereinigt, so kommt das Strafgesetz zur Anwendung, welches die schwerste Strafe androht.

Mit Bezug auf die in § 6 enthaltenen Ausführungen wird die Anwendung dieser §§ 55, 337 eine andere für das dolose und eine andere für das culpose Verbrechen sein. Für letztere findet § 55 nur dann Anwendung wenn eine culpose Handlung vorliegt, das heißt, wenn der entstandene schädliche Erfolg auf ein und dieselbe gefährliche Handlung zurückzuführen ist. Eine culpose Handlung kann freilich niemals die Merkmale mehrerer culposen Verbrechen vollständig in sich vereinigen. Es ist dieses aber zum Theil dadurch möglich, daß mehr als ein Recht durch ein und dieselbe gefährliche Handlung verletzt wurde. Die Beispiele hiezu sind am Schlusse des vorigen § mitgetheilt. — Es ist ferner möglich, daß ein culposes Verbrechen die Merkmale mehrerer culposer Verbrechen in sich vereinigt, wenn unter dem zuerst genannten Verbrechen, eine culpose strafbare Rechtsverletzung, unter dem letzteren dagegen blos die Verletzung der ein culposes Verbrechen mit Strafe bedrohenden Strafgesetze verstanden wird. Unter dieser Voraussetzung kann der Fall eintreten, daß ein culposes Verbrechen gegen mehrere Strafgesetze verstößt und in sofern die Merkmale mehrerer Verbrechen in sich vereinigt. Wenn z. B. ein Apotheker Arsenik statt des von dem Arzte verordneten unschädlichen Medikamentes verabfolgt und in Folge dessen ein Mensch stirbt, so fällt diese Handlung zunächst unter § 184 al. 1. „Wer durch Fahrlässigkeit den Tod eines Menschen herbeiführt, wird mit Gefängniß von zwei Monaten bis zu zwei Jahren bestraft." Zugleich verstößt diese Handlung aber auch noch gegen § 184 al. 2. „Wenn der Thäter zu der Aufmerksamkeit oder Vorsicht, welche er bei der fahrlässigen Tödtung aus den Augen setzte, vermöge seines Amtes, Berufes oder Gewerbes besonders verpflichtet war, so kann derselbe zugleich auf eine bestimmte Zeit, welche die Dauer von fünf Jahren nicht übersteigen darf, oder für immer zu einem solchen Amte für unfähig oder der Befugniß zur selbständigen Betreibung seiner Kunst oder seines Gewerbes verlustig erklärt werden. § 184 al. 2 ist im Verhältniß zu § 184 al. 1 das speciellere Gesetz, welches das allgemeinere enthält, woraus dann folgen würde, daß derjenige, welcher nach § 184 al. 2 zu bestrafen ist, eine Handlung begangen hat, welche sowohl § 184 al. 1 wie auch § 184 al. 2 verletzt. Nehmen wir nun „Verletzung eines Strafgesetzes" = „Verbrechen" so kann man sagen, es sei ein culposes Verbrechen begangen, welches die Merkmale mehrerer culposer Verbrechen enthält.

Auf dolose Verbrechen kann § 55 nur dann Anwendung finden, wenn ein und dasselbe Verbrechen gegen mehrere Strafgesetze verstößt. Man darf also in § 55 gar nicht eine Bestimmung über den concursus delictorum sondern nur eine über den concursus legum poenalium erblicken. Der Grund für diese Behauptung liegt in dem oben ausgeführten Satze, daß eine Handlung niemals mehrere sondern immer nur ein Verbrechen sein könne. Es ist übrigens nicht zu verkennen, daß § 55 dasjenige was er ausdrücken sollte, zweckmäßiger und deutlicher hätte ausdrücken können. So sagt das St.-G.-B. für Hessen-Darmstadt art. 113: „Sind durch ein und dieselbe Handlung mehrere Strafgesetze zugleich übertreten worden, so wird der Schuldige zu der Strafe verurtheilt, die auf die schwerste Uebertretung gesetzt ist" . . . Und im Gegensatze hiezu bestimmt dann art. 104: „Ist ein zu Bestrafender mehrerer Verbrechen oder Vergehen schuldig, so sollen die sämmtlichen verwirkten Strafen . . . . gegen ihn erkannt werden." Hätte das Preuß. St.-G.-B. eine ähnliche Fassung, so würde das Mißverständniß, als ob eine Handlung mehrere verbrecherische Rechtsverletzungen umfassen könne, niemals entstanden sein. Zur weiteren Unterstützung meiner Ansicht über die Interpretation des Preuß. St.-G.-B. § 55 glaube ich noch auf die entsprechende Bestimmung des Bayrischen St.-G.-B. aufmerksam machen zu dürfen. Der Wortlaut des art. 110: „Wenn ein Verbrecher in ein und derselben Handlung zu gleicher Zeit mehrere Verbrechen begangen hat, so soll nur die Strafe der schwersten Uebertretung in Anwendung gebracht werden;" ist freilich um nichts besser als der Wortlaut des Preußischen Gesetzes. Daß aber dieses bayrische Gesetz so zu verstehen ist, wie ich § 55 des Preußischen St.-G.-B. verstanden wissen will, das geht aus zwei Umständen hervor. Zunächst aus der Art und Weise wie sich Feuerbach über die Konkurrenz äußert. Dieser sagt in seinem Lehrbuch § 127: „Sind I. durch eine und dieselbe Handlung verschiedene Strafgesetze übertreten worden, so ist dieses eine ideale oder formale Konkurrenz. II. Verschiedene Handlungen, durch welche verschiedene Strafgesetze übertreten worden sind, begründen objektive Konkurrenz. III. Ist durch verschiedene Handlungen ein und dasselbe Strafgesetz übertreten worden, so ist eine subjektive Konkurrenz vorhanden. Vereinigen wir die unter II. und III. erwähnten Fälle unter dem gemeinschaftlichen Namen der reellen Konkurrenz gegenüber der unter I. angeführten ideellen Konkurrenz, so ist für letztere das entscheidende Kriterium: eine Handlung, für erstere dagegen mehrere

Handlungen. Aber auch durch eine Handlung können mehrere Strafgesetze verletzt werden, und in diesem Sinne sagt das Bayrische Gesetzbuch: Es werden durch ein und dieselbe Handlung mehrere Verbrechen begangen. Und der zweite Umstand auf den ich mich für das Verständniß des Bayrischen G.-B. art. 110 berufen kann, ist der, daß die Bayrische Praxis ihren art. 110 durchaus im Sinne des Feuerbachischen cons. del. idealis versteht. Diejenigen Fälle reeller Verbrechenskonkurrenz, welche die Preußische Praxis unter § 55 zu bringen beliebt, zieht die Bayrische Praxis durchaus nicht unter art. 110. — Darauf muß ich denn weiter unten noch zurückkommen.

Indessen ich weiß wohl, daß noch Manches zur Unterstützung der Behauptung, der § 55 könne da, wo eine Mehrheit verbrecherischer Rechtsverletzungen begangen sei, nicht angewandt werden, hinzugefügt werden muß. Aber so viel wird man mir schon hier zugeben, daß zweifellos alle diejenigen Fälle, in denen durch die Verletzung eines Rechtes mehrere Strafgesetze verletzt werden, nach der Vorschrift des § 55 zu beurtheilen sind. Es ist aber keineswegs in allen Fällen so ganz leicht, festzustellen, ob bei Uebertretung mehrerer Strafgesetze nur ein Verbrechen, oder ob mehrere Verbrechen begangen sind. Hieraus dürfte es sich rechtfertigen, wenn mit Bezug auf Gesetzgebung und Praxis diejenigen Fälle, in denen eine Handlung gegen mehrere Strafgesetze verstößt, etwas mehr detaillirt werden.

§ 8.

Kasuistik.

Die einzelnen Fälle in denen durch ein Verbrechen mehrere Strafgesetze verletzt werden können, sind folgende vier: I. Durch ein Verbrechen wird sowohl ein generelles wie auch ein specielles Strafgesetz verletzt. II. Durch ein Verbrechen wird die Strafbestimmung wegen eines materialen und zugleich die wegen eines formalen Verbrechens verletzt. III. Durch ein Verbrechen wird zugleich dasjenige Strafgesetz verletzt, welches die mögliche Vorbereitung eines Verbrechens mit Strafe bedroht. IV. Bei Begehung eines Verbrechens werden durch den Thäter auch diejenigen gesetzlichen Bestimmungen verletzt, welche die Möglichkeit einer Begünstigung des begangenen Verbrechens verhindern sollten. — Betrachten wir diese Fälle im Einzelnen:

I. Durch ein Verbrechen wird sowohl ein generelles, wie auch ein specielles Strafgesetz verletzt. Die Beispiele, welche für diesen Fall aus den Gesetzen entnommen werden können, sind zahlreich und bekannt, es hat überdem die Praxis meines Wissens die Anwendbarkeit des § 55 auf diesen Fall niemals bezweifelt; es mag daher ausreichend sein, hier nur auf einen Punkt aufmerksam zu machen. Es ist bekanntlich das qualificirende Strafgesetz gegenüber dem qualificirten das speciellere. Es genügt, die Strafe des schwereren Gesetzes anzuwenden, weil dieses auch alle Momente des leichteren mit enthält. Wenn nun aber, wie dieses namentlich bei dem Diebstahl häufig vorkommen kann, die That mehr als einen Qualifikationsgrund enthält, so ist der eben angeführte Grund für das Ausreichen des schwereren Strafgesetzes nicht durchschlagend. Die qualificirenden Gesetze specialisiren den Diebstahl nach verschiedenen Gesichtspunkten, bald nach der Beschaffenheit der gestohlenen Sache, bald nach der Art und Weise der Ausführung, bald nach Ort und Zeit der That, bald nach den Persönlichkeiten der Thäter. Aber jede neue Specialisirung specialisirt nicht blos eine der schon nach einem früheren Eintheilungsgrunde gebildeten Species, sondern das ganze genus des Diebstahls überhaupt. Begeht nun jemand einen Diebstahl, welcher von allen erwähnten Gesichtspunkten betrachtet, sich als ein qualificirter darstellt, so könnte ein solcher Diebstahl nach der positiven Bestimmung des § 55 nach keinem anderen Strafgesetze bestraft werden, als derjenige Diebstahl der nur einen, wenn auch den schwersten unter den mehreren Qualifikationsgründen aufzuweisen hat. Es ist für das anzuwendende Strafgesetz gleichgültig ob ein Diebstahl von mehreren zur fortgesetzten Verübung von Diebstählen verbundenen bewaffneten Personen, mittels nächtlichen Einbruchs an einer dem Gottesdienste gewidmeten in einer Kirche befindlichen Sache begangen wird, oder ob dieselbe Sache bei Tage aus der offen stehenden Kirche durch eine einzelne unbewaffnete Person gestohlen wird. Der erstere der beiden Diebstähle ist nicht weniger als fünf Mal qualificirt, der letztere nur einmal, und doch ist nach der Vorschrift des § 55 für beide ein und dieselbe Strafe (abgesehen von den mildernden Umständen 2—10 Jahren Zuchthaus) anwendbar. Historisch erklärt sich diese Erscheinung in der einfachsten Weise. Die CCC. bestimmt bekanntlich art. 163 . . . wo bei eynem diebstal mer. dann eynerley beschwerung erfunden würden, ist die straff nach der meynsten beschwerung des diebstals zu erkennen. Diese Bestimmung hat sich erhalten. Aber was mit Bezug auf das Strafensystem der CCC. seinen guten Grund hatte, ist deswegen nicht auch für das Strafensystem des modernen Strafrechts begründet. Heute wird kein Strafrichter den zweiten der oben angeführten Kirchendiebstähle ebenso hart strafen mögen als den ersten, oder diesen nur so hart als jenen. Mindestens also wird man behaupten müssen, daß das Zusammentreffen verschiedenartiger Qualifikationsgründe bei ein und demselben Verbrechen als ein die Strafe erhöhender Zumessungsgrund aufgefaßt werden müsse. Nun kann aber auch blos bei dem Vorhandensein eines einzigen Qualifikationsgrundes durch andere Strafzumessungsgründe veranlaßt die höchste Strafe arbitrirt werden. Daraus würde dann folgen, daß das Gesetz für den Fall des Zusammentreffens mehrerer Qualifikationsgründe bei demselben Verbrechen mindestens nicht in allen Fällen den für eine gerechte Strafe erforderlichen Spielraum gewährt, und so dürfte es de lege ferenda wohl zu rechtfertigen sein, wenn man das Zusammentreffen verschiedenartiger Qualifikationsgründe bei ein und demselben Verbrechen als einen gesetzlichen Strafschärfungsgrund herausstellte.

II. Durch ein Verbrechen wird die Strafbestimmung wegen eines materialen und zugleich wegen eines formalen Verbrechens verletzt. Im Gebiete des Preußischen Strafrechts kann dieser Fall nur dann vorkommen, wenn irgend ein Rechtsverhältniß durch eins der s. g. gemeingefährlichen Verbrechen verletzt wird. — In der Praxis geschieht es am häufigsten, daß die Brandstiftung mit anderen Verbrechen konkurrirt; denn die Brandstiftung ist bald eine Vermögensbeschädigung, bald Betrug, sie kann auch ein Verbrechen gegen das Leben oder gegen die Gesundheit sein. In allen Fällen der Brandstiftung würden mithin die diese Rechtsverhältnisse sichernden Strafgesetze mit den für die Brandstiftung erlassenen konkurriren.

Aus der Preußischen Praxis mag hier folgender Fall eine Stelle finden: Goltdammer Archiv Bd. II. S. 560. „In der Anklagesache wider den Seiler Fißmer zu Limburg lagen hinreichende Anzeigen zur Anschuldigung gegen denselben vor:

> das Wohnhaus seiner Mutter vorsätzlich in Brand gesteckt zu haben, um in Folge des mit der Magdeburger Feuerversicherungs-Gesellschaft nach betrüglichen Vorspiegelungen über den Umfang der zu versichernden Waarenvorräthe abgeschlossenen Versicherungsvertrages für seine Mutter die von dieser demnächst nach dem Brande unter Vorbringung falscher Thatsachen zur Erregung eines Irrthums über den wirklichen Schaden liquidirte Entschädigungssumme von 2900 Rthlrn. zu erlangen.

Der Anklage-Senat des Appellationsgerichtes zu Hamm hat in diesen Handlungen eine nach § 285 No. 1 des Strafgesetzbuches zu ahndende Brandstiftung nicht aber zugleich den Thatbestand des im § 244 vorgesehenen Verbrechens der in betrügerischer Absicht erfolgten Inbrandsetzung gegen Feuersgefahr versicherter Sachen gefunden, da diese Vorschrift sich offenbar nur auf solche Gegenstände bezieht, welche nicht zu den in §§ 285 und 287 bezeichneten gehören. Ebensowenig hat aber auch der Anklagesenat das oben angegebene Motiv der Brandstiftung als ein besonderes, mit jenem Verbrechen konkurrirendes Vergehen, nämlich als den Versuch eines Betruges betrachtet wissen wollen, vielmehr die Ansicht ausgesprochen, daß die verbrecherische Thätigkeit des Angeklagten als ein Ganzes aufzufassen, und deshalb nur nach § 285 zu charakterisiren, die Berücksichtigung der Motive der That aber dem erkennenden Richter bei Abmessung der Strafe zu überlassen sei. Aus diesen Gründen ist der Beschluß gefaßt, den Seiler Fißmer nur wegen vorsätzlicher Brandstiftung in Anklagestand zu versetzen."

Von dem Umstande, daß eine Ueberversicherung stattgefunden hat, ist bei der Betrachtung des Rechtsfalles an dieser Stelle abzusehen. Im Uebrigen sind folgende Bemerkungen zu machen:

1. Die Strafdrohungen gegen Brandstiftungen umfassen so-

wohl diejenigen Fälle, in denen das durch die Brandstiftung angegriffene Recht durch die Beweisführung deutlich herausgestellt ist, wie auch diejenigen in denen dies nicht der Fall ist. Wollte man in dem vorliegenden Falle außer der Brandstiftung noch die versuchte Vermögensverletzung der Versicherungsgesellschaft strafen, so müßte in jedem Falle der Brandstiftung an fremden Sachen außer der Strafbestimmung des § 285 resp. 286 noch außerdem § 281 in Anwendung gebracht werden. Es ist daher auch ganz richtig, daß der Betrug nicht weiter verfolgt wird, weil die Strafe des Betruges bereits in § 285 mit enthalten ist.

Es ist aber nicht richtig, daß in dem angeführten Falle die §§ 244 und 285 in ideelle Konkurrenz treten. Denn die Voraussetzung der Anwendbarkeit des § 55 ist die, daß das eine Verbrechen, die Merkmale — d. h. alle Merkmale mehrerer Strafgesetze enthält. Soll daher durch eine Handlung gegen § 244 und gegen §. 285 verstoßen werden, so muß dieselbe enthalten mit Bezug auf § 285 Brandstiftung, mit Bezug auf § 244 Brandstiftung und Betrug, es müßte mithin in der einen Handlung das Moment der Brandstiftung zweimal vorkommen, was allerdings eine Unmöglichkeit ist. Deshalb ist aber § 285 nicht mit § 244, sondern lediglich mit § 241, 242 in ideelle Konkurrenz zu setzen. Es handelt sich hier allerdings nur um die Korrektheit der juristischen Sprache, für die Praxis ist es natürlich gleichgültig, ob man § 244 oder § 241, 242 unberücksichtigt läßt.

3. Der Beschluß des Anklagesenates bezeichnet den Umstand, daß der Angeschuldigte, die Feuerversicherungsgesellschaft betrügen wollte, als Motiv der Brandstiftung. Da die Brandstiftung nach der Bestimmung des Gesetzes als formales Verbrechen behandelt werden soll, so ist es von diesem Gesichtspunkte aus allerdings richtig, als Absicht der Brandstiftung den Willen des Thäters zu bezeichnen, einen der in §§ 285, 286 genannten Gegenstände anzünden zu wollen. Daraus folgt aber nicht, daß der Wille, ein bestimmtes Recht durch das Mittel des Anzündens zu verletzen, als Motiv der That bezeichnet werden könnte. Dieser Wille ist ebenfalls als Absicht des Thäters zu bezeichnen und es muß gesagt werden, daß ebenso wie § 285 und § 241, 242 ideell konkurriren,

ebenso auch die Absicht des formalen Verbrechens — Brandstiftung — mit der Absicht des materialen Verbrechens — Betrug — ideell konkurriren, d. h. die dem Betruge eigenthümliche Absicht ist für die Bestrafung nicht zu berücksichtigen. Das Motiv, welches bei der Bestrafung berücksichtigt werden kann, ist lediglich die vom Thäter gehoffte Bereicherung.

III. Durch ein Verbrechen wird zugleich dasjenige Strafgesetz verletzt, welches die mögliche Vorbereitung eines Verbrechens mit Strafe bedroht. Es versteht sich von selbst, daß neben einer Bestrafung des vollendeten Verbrechens, von einer Bestrafung der Vorbereitungs- oder Versuchshandlungen desselben Verbrechens nicht die Rede sein kann. Wenn nun von dem Verbrecher zur Ausführung des Verbrechens solche Vorbereitungshandlungen gewählt werden, welche zwar nicht in ihrer Eigenschaft als Vorbereitungshandlungen, sondern in ihrer Eigenschaft als gefährliche Handlungen besonders mit Strafe bedroht sind, so werden in diesem Falle durch ein Verbrechen zwei Strafgesetze verletzt, und ist somit der § 55 des Strafgesetzbuches anwendbar. — Aus dem Strafgesetzbuche würden folgende Beispiele entnommen werden können. Derjenige, welcher nach einem voraufgegangenen hochverrätherischen Komplotte eine Handlung begeht, durch welche das hochverrätherische Vorhaben unmittelbar in Ausführung gebracht werden soll, verletzt St.-G.-B. § 63 und auch § 62. Ein Münzfälscher, der die falschen Münzen selbst fertigt, verletzt § 121 und auch § 340 No. 3, 4. Wer eine fahrlässige Brandstiftung § 288 veranlaßte, wird in vielen Fällen die Bestimmungen des § 347 No. 4—9 verletzt haben; dasselbe kann auch bei doloser Brandstiftung eintreten. Derjenige, der einen andern an einem bewohnten Orte absichtlich oder aus Fahrlässigkeit erschießt, handelt nicht nur gegen § 175 resp. § 184, sondern auch gegen § 345 No. 6. — Die vorstehenden Beispiele waren von der Art, daß sich mit ziemlicher Bestimmtheit dasjenige Verbrechen bezeichnen ließ, dessen Begehung durch das Verbot der bestimmten gefährlichen Handlung verhindert werden sollte. Bei dem Verbot anderer gefährlicher Handlungen läßt sich nur sagen, daß dasselbe erlassen sei, um irgend welche Verbrechen zu verhindern, daß sich aber bei der Mannigfaltigkeit der, aus diesen gefährlichen Handlungen möglicherweise hervorgehenden Verbrechen dasjenige nicht bezeichnen lasse, welches durch die Strafdrohung speciell habe verhütet werden sollen. So bestimmt z. B. § 87: „Wer zum Ungehorsam gegen die Gesetze oder Verordnungen oder gegen die Anordnungen der Obrigkeit öffentlich auffordert oder anreizt, oder wer Handlungen, welche in den Gesetzen als Verbrechen oder Vergehen bezeichnet sind, durch öffentliche Rechtfertigung anpreiset, wird mit Geldbuße bis zu zweihundert Thalern oder mit Gefängniß von vier Wochen bis zu zwei Jahren gestraft." Die Verletzung dieses § kann benutzt werden als Vorbereitungshandlung zum Hochverrath, Auseinandersprengen der Kammern, gewaltsamen Befreiung eines Gefangenen, Aufruhr, Hausfriedensbruch (§ 214), Sachbeschädigung (284) u. s. w. Würde nun eines der eben genannten Verbrechen begangen, nachdem eine der in § 87 bezeichneten Thätigkeiten statt gefunden hatte, so würde gegen zwei Strafgesetze z. B. §§ 87 und 284; oder §§ 87 und 214 ꝛc. gefehlt, doch aber nur ein Verbrechen begangen sein. — Aus einem ganz gleichen Gesichtspunkte wie § 87 sind zu betrachten: §§ 93, 97—101, 105, 119 No. 3, 199, 340 No. 2, 344 No. 1—8, 345 No. 2—4, 7—9 u. s. w.

Aus der Praxis führe ich als hieher gehörig folgende Fälle an:

Temme II. S. 292. „Die Angeklagte hatte ihrem unehelichen etwa zwei Jahre alten Kinde, um es zu tödten, zuerst Firniß eingegeben, später aber als das nicht wirkte, ihm Salzsäure eingeflößt und ihm zugleich zwei Nähnadeln in den Hirnschädel gestoßen, woran das Kind gestorben war." Sie wurde deshalb wegen Verwandtenmordes, aber nur als einer That, bestraft. In den Gründen zu dem Erkenntnisse des Ob.-App.-Ger. zu Cassel (8. Sept. 1849) heißt es:

„Der Referent des Obergerichtes stellte zwar die Ansicht auf, es liege hier eine Konkurrenz von Delikten, nämlich ein vollendeter Mord durch die Nadeln und die Salzsäure, und ein versuchter Mord durch den Firniß vor. Es ist aber diese Ansicht mit Recht vom Obergerichte verworfen worden; denn wenn auch mit untauglichen Mitteln ein Versuch begangen werden kann, so liegt doch sämmtlichen Ausführungshandlungen der Angeklagten — das Eingeben des Firnisses mit einbegriffen — nur ein und derselbe verbrecherische Entschluß zum Grunde, nur eine Absicht, das Kind zu tödten. Diese Absicht ist erreicht und es kann daher von einem Versuche nicht mehr die Rede sein. Jene Ausführungshandlungen lassen sich nicht trennen, bilden nur ein Ganzes, können also auch nicht in verschiedene Verbrechen zerlegt werden." — In dieser Entscheidung ist das wesentliche Moment sehr richtig betont worden. Die Einheit des angegriffenen Rechts kann über Einheit oder Mehrheit der Verbrechen da nicht entscheiden, wo die Frage zu beantworten ist, ob mit einem vollendeten Verbrechen Versuchs- oder Vorbereitungshandlungen konkurriren, welche sämmtlich gegen dasselbe Recht gerichtet sind. Hier kommt es lediglich auf die Einheit der Absicht an. Ist diese vorhanden, so werden durch die Bestrafung für das vollendete Verbrechen Versuch und Vorbereitung mit gestraft, wenn auch letztere durch ein besonderes Strafgesetz mit Strafe bedroht sein sollten. Fehlt Einheit der Absicht, so liegen mehrere Handlungen vor, es handelt sich dann auch nicht mehr um einen conc. legum poenalium sondern um einen eigentlichen concursus delictorum.

Temme Bd. IV. S. 18. Vorauszuschicken ist die Bestimmung des bairischen Strafgesetzbuches Art. 78. „Jeder Unterthan ist schuldig, Verbrechen oder Vergehen, welche in seiner Gegenwart vorbereitet oder angefangen werden, oder von welchen er sonst weiß, daß sie geschehen sollen, entweder durch schleunige Anzeige bei der nächsten Obrigkeit, oder durch Warnung der dadurch gefährdeten Person, und im Falle der Unthunlichkeit des Vorigen, durch Herbeirufen oder Herbeiholen Anderer, oder durch sonstige in seiner Macht habende Mittel, soweit es ohne Gefahr für ihn selbst, oder einen Dritten geschehen kann, zu verhindern. Wer diese Bürgerpflicht durch sein Verschulden nicht erfüllt hat, soll mit öffentlichem Verweise, oder nach Umständen mit Gefängnißstrafe von einem Tage bis zu einem Monate bestraft werden."

„Jacob Steinbacher und Michael Lippert hatten am 19. Juni 1855 Abends, auf dem Wege von Amberg nach Schwandorf zwei Frauenzimmern, Anna Zier und Franziska Friedrich, die sie einholten, das Ansinnen des Beischlafs gestellt, waren damit jedoch zurückgewiesen. Die Friedrich, an welche sich Lippert gemacht hatte, war dabei mit diesem eine Strecke vorausgegangen, während Steinbacher die Zier zurückzuhalten gewußt hatte. Nachdem beide Frauenzimmer auf diese Weise getrennt waren, gelang es dem Steinbacher, die Zier, so wie dem Lippert die Friedrich, durch gefährliche Drohungen und Gewalt, ungeachtet der heftigsten Gegenwehr der beiden Frauenzimmer, zur Unzucht zu nöthigen. Die Zier war in Folge dessen 8 Tage lang krank und arbeitsunfähig gewesen. Steinbacher und Lippert wurden zur Untersuchung gezogen und beide wegen des Verbrechens der Nothzucht, so wie zugleich wegen Hülfeleistung zu dem von dem Anderen verübten Verbrechen, der Eine zu 9jähriger Zuchthaus-, der Andere zu $4\frac{1}{2}$ jähriger geschärfter Arbeitshausstrafe verurtheilt. Auf ihre Nichtigkeitsbeschwerde vernichtete das Ober-App.-Ger. zu München (am 15. April 1856) das Erkenntniß, weil, wie die Entscheidungsgründe sagen, „es jedem der Angeklagten durch die von ihm selbst an der einen der beiden Weibspersonen verübten Nothzucht unmöglich gemacht worden war, die gleichzeitige Verübung dieses Verbrechens an der andern Weibsperson von Seiten seines Begleiters durch eines der im Art. 78 bezeichneten Mittel zu verhindern, sonach bei jedem der Angeklagten die eigene Verübung des Verbrechens der Nothzucht, die Unterlassung der im Art. 78 aufgelegten Pflicht in Ansehung des von seinem Begleiter gleichzeitig verübten Verbrechens mit Nothwendigkeit in sich schloß."

Es ist allerdings richtig, daß die Begehung eines Verbrechens zu einer Zeit, wo ich weiß, daß ein anderes Verbrechen begangen wird, mir die Erfüllung der Denunciationspflicht unmöglich macht, aus dem sehr einfachen Grunde, weil ich nicht zu gleicher Zeit an zwei verschiedenen Orten — da, wo ich das Verbrechen begehen will, und da wo ich denunciren soll — zu ein und derselben Zeit sein kann. Auf diese Unmöglichkeit kann es doch aber in diesem Falle nicht ankommen, sondern nur darauf, ob der Hinderungsgrund an der Denunciationspflicht einen genügenden Entschuldigungsgrund enthält. Angenommen einer der beiden Angeklagten hätte ein Geldgeschäft zu machen gehabt, aus dem er einen bedeutenden Gewinn erwarten durfte, und dadurch wurde es ihm unmöglich dasjenige Verbrechen, welches er als bevorstehend wußte zur Anzeige zu bringen; oder statt seiner Denunciationspflicht nachzukommen, besuchte er einen kranken Freund, um dessen letzten Willen zu vernehmen. Auch in diesen Fällen hätte das Münchner Gericht sagen müssen, das Geldgeschäft, der Krankenbesuch habe es dem Angeklagten unmöglich gemacht, die gleichzeitig verübte Nothzucht des andern Angeklagten zur Anzeige zu bringen, aber es würde das Gericht in diesem Hinderungsgrunde schwerlich einen Entschuldigungsgrund gefunden haben. Soll nun die unterbliebene Denunciation strafbar sein, wenn dieselbe wegen der Vornahme einer erlaubten, oder selbst moralisch gebotenen Handlung unterblieb, dagegen straflos, wenn die Hinderung eine zu begehende Nothzucht war? Die Vornahme eines Verbrechens soll einen Entschuldigungsgrund für die Vernachlässigung einer Verpflichtung abgeben können, und die erlaubte, moralisch gebotene Handlung zu dem entgegengesetzten Resultate führen? Diesen Einwand könnte möglicherweise ein verständiger Laie dem Münchener Gerichte machen; der Jurist muß schon andere Gründe heranziehen.

Die Unterlassung der Denunciationspflicht läßt sich entweder als ein besonderes, selbständiges Vergehen, oder als eine durch Unterlassung bewirkte Beihülfe zu einem Delikte auffassen. Hält man die erstere Auffassung fest, so würde durch das Omissiv-Delikt ein Forderungsrecht des Staates, denselben in der Handhabung der Kriminalpolizei zu unterstützen, verletzt erscheinen. Gleichgültig wird es sein, wodurch dieses Recht des Staates begründet worden, genug daß die Existenz desselben durch die Strafgesetze konstatirt wird. Wenn nun ein Angeklagter, und in dem vorliegenden Falle trifft diese Voraussetzung auf beide Angeklagte zu, nicht blos dieses eine Recht des Staates, sondern außerdem auch noch durch die Nothzucht eine Privatperson verletzt, so würde es mit Bezug auf die oben herausgestellten Voraussetzungen der Verbrechenskonkurrenz ganz unmöglich sein, nur von einer Verletzung mehrerer Strafgesetze durch ein Verbrechen und nicht vielmehr von mehreren Verbrechen zu sprechen.

Erblickt man aber in der unterlassenen Denunciation eine Beihülfe zu dem nicht denuncirten Verbrechen, so würde sich die Sache in der Weise gestalten, daß jeder der beiden Angeklagten das eigene Verbrechen als Thäter, das des Mitangeklagten als Gehülfe beabsichtigt haben würde. Wegen dieser mehrfachen Absicht muß auch für jeden der Thäter Verbrechenskonkurrenz angenommen werden. Mag man also die eine oder die andere Auffassung vorziehen, in jedem Falle wird die Absorption des einen Delikts durch das andere als ungerechtfertigt erscheinen müssen. Uebrigens ist es hinsichtlich der zu erkennenden Strafe ganz gleichgültig, welche Ansicht die maßgebende sein sollte, da die unterlassene Denunciation, gleichviel ob selbständiges Delikt, oder ob eine Art der Beihülfe, immer mit ein und derselben Strafe bedroht ist. —

Vielfach hat die Praxis sich mit der Frage zu beschäftigen gehabt, ob die Bedrohung mit einem Verbrechen, durch die wirkliche Begehung des angedrohten Verbrechens absorbirt werde, oder als selbständiges, neben demselben geltendes Delikt aufzufassen sei. — Folgende Fälle mögen hier einen Platz finden:

1. Goltdammer Archiv I. S. 87. „Der Angeklagte Heere, welchen der Privat-Feldhüter zur Konstatirung einer Feldpolizei-Kontravention zur Polizeibehörde führen wollte, bedrohte denselben mit Schlägen, damit er sein Vorhaben aufgebe, und schlug ihn hiernächst zu diesem Zwecke. Der erste Richter erkannte lediglich aus § 187 (leichte Körperverletzung). Der Staatsanwalt appellirte, weil nicht wegen der vorangegangenen Drohung, auch der § 212 in realer Konkurrenz nach § 56 angewendet sei. In dem Urtel vom 2. Dezember 1852 hat indeß das Kammergericht angenommen, daß zwar die vorangegangene Drohung der hiernächst ausgeübten Thätlichkeit ein besonderes Moment in Gemäßheit des § 212 bilde, aber nur in idealer Konkurrenz nach § 55 zu ahnden, und hier durch die erkannte Strafe genügend geahndet sei." — Zu diesem Falle findet sich folgende Bemerkung: „In früheren Entwürfen war als Mittel der Nöthigung in § 212 auch ausdrücklich der Gewalt neben der Drohung gedacht; dafür aber war der Thatbestand nicht auf die Drohung mit der Verübung eines Verbrechens oder Vergehens beschränkt. Theils durch die jetzt in dieser Hinsicht angenommene Beschränkung, theils auf den Antrag des ständischen Ausschusses ist im § 212 das Mittel der Gewalt ausgeschieden, und dadurch der strengen Theorie nach allerdings der Antrag der Staats-Anwaltschaft

nicht ohne Grund." — Und mit Bezug auf diese Bemerkung stellt dann Oppenhoff zu § 212 die Behauptung auf: „Wer zuerst einen Zwangsversuch durch Bedrohung mit einem Verbrechen ꝛc. macht, und dann zum Zwecke derselben Erzwingung das Verbrechen ꝛc. selbst begeht, macht sich in realer Konkurrenz zweier Verbrechen schuldig." —

Ehe die Frage beantwortet werden kann, welche dieser beiden eben mitgetheilten Ansichten der Preußischen Praxis die richtigere sein mag, erscheint es zweckmäßig, einige Entscheidungen über denselben Gegenstand aus der Praxis anderer deutschen Länder mitzutheilen:

2. Nach dem österreichischen St.-G.-B. (§ 99) wird die zur Erregung einer gegründeten Besorgniß geeignete Drohung mit Gewaltthätigkeit u. s. w. als selbständiges Delikt gestraft. Die Worte des Gesetzes lauten: „Wer die in § 98 bezeichnete und auf die dort angegebene Art zur Erregung gegründeter Besorgnisse geeignete Drohung blos in der Absicht anwendet, um einzelne Personen, Gemeinden oder Behörden in Furcht und Unruhe zu versetzen, begeht das Verbrechen der öffentlichen Gewaltthätigkeit durch gefährliche Drohung." Der bei Temme II. S. 279 mitgetheilte Fall ist folgender: „Johann M. war in der Nacht vom 18./19. Sept. 1853 in das Schenkhaus des Juden Aaron S. gekommen, hatte in ganz anständigem Tone Bier gefordert, als ihm dieses aber verweigert wurde, sich in höchst brutaler Weise benommen. Namentlich hatte er zuerst gedroht, wenn man ihm nicht Bier gebe, dem Schankwirth einen Schaden von mehr als 50 Gulden zu verursachen, und sodann Gläser, Leuchter u. s. w. entzwei geschlagen, so daß er einen Schaden von 6 Gulden 36 Kreuzer in der That angerichtet hatte. Der erste Richter verurtheilte den Angeklagten nur wegen boshafter Beschädigung fremden Eigenthums (nach § 85 ist dieses Delikt mit schwerem Kerker von 6 Monaten bis zu einem Jahr zu strafen, wenn der Schaden 25 Gulden übersteigt — bei minderem Betrage des Schadens beträgt die Strafe nur Arrest von 1 Tag bis 1 Monat). Der Staatsanwalt erhebt die Nichtigkeitsbeschwerde, weil nicht zugleich wegen Drohung nach § 99 verurtheilt sei. Der Cass.-Hof zu Wien wies am 9. August 1854 die Beschwerde zurück:

Wenn mit einer That gedroht, und dieselbe unter Einem gesetzt und ausgeführt wird, so kann nicht mehr die Androhung für sich allein, sondern nur die ausgeübte That selbst in Anbetracht genommen und zugerechnet werden. Das Landesgericht hat daher mit vollem Recht die von dem Angeklagten gegen Aaron S. ausgestoßene Drohung der Beschädigung seines Eigenthums nicht, sondern nur die unter Einem verübte Beschädigung selbst in Erwägung gezogen.

3. Temme II. S. 280. Der Angeklagte hatte am 6. Juni 1853 in Traunfeld auf freiem Felde gegen den Halblehner Franz. Sp. die Drohung ausgestoßen: „Wenn Du nicht gehst, erschieße ich Dich;" er hatte zu gleicher Zeit in einer Entfernung von 120 Schritten sein Gewehr auf ihn abgefeuert und ihn mit zwei Hasenschroten am rechten Arme leicht verwundet. Mit diesen Thatsachen hatte das Gericht zugleich die Absicht des Angeklagten, den Sp. in Unruhe zu versetzen, als feststehend angenommen. Das Gericht hatte demnach den Angeklagten sowohl nach § 99 als nach § 411 des St.-G.-B. (leichte Körperverletzung) verurtheilt. Auf die eingelegte Nichtigkeitsbeschwerde vernichtete der Cass.-Hof zu Wien das Urtel und strafte nur aus § 411: „Soll diese That als das Verbrechen der öffentlichen Gewaltthätigkeit durch gefährliche Drohungen im Sinne des § 99 St.-G.-B. erkannt werden, so muß es bei der Drohung geblieben und diese nicht in Ausführung gebracht, das gedrohte Uebel nicht wirklich zugefügt sein . . . Wenn nun auch der Angeklagte gegen den Sp. die Drohung, ihn zu erschießen, ausstieß, wenn er nicht fortgehe, so war doch damit gleichzeitig die Ausführung durch Abfeuerung des Schusses verbunden, wodurch aber Sp. nur leicht verletzt wurde. Da ihm nicht zur Last gelegt wird, daß er den Schuß in der Absicht auf den Sp. feuerte, um ihn zu tödten oder doch schwer zu verwunden, sondern nur, um ihn in Furcht und Unruhe zu versetzen, und da durch diese Handlung nur eine leichte Verletzung hervorgebracht wurde — ꝛc." Die Kritik dieser in mehr als einer Hinsicht unrichtigen Entscheidung wird weiter unten folgen. Hier ist nur soviel vorweg zu nehmen, daß einmal behauptet wird es sei bei der Drohung den Sp. zu erschießen nicht geblieben, vielmehr sei die Drohung ausgeführt, und

trotz dessen gesagt wird, ein Versuch der Tödtung habe nicht stattgefunden; daß zwar die Absicht des Angeklagten, welche derselbe bei der Drohung hatte, festgestellt ist, nicht aber die dem Schießen zu Grunde liegende Absicht, und daß das Urtheil des Kassationshofes letztere willkührlich präsumirt und damit zugleich die von dem Untergericht wirklich festgestellte Absicht gänzlich unberücksichtigt läßt. —

4. Temme III. S. 28. Der Invaliden-Oberjäger S. hatte zu verschiedenen Malen, namentlich am 6. Januar und 20. Juni 1854 gegen seine Frau die Drohworte ausgestoßen: „Du mußt unter meinen Händen bleiben; Du mußt unter meinen Händen drauf gehen; Du entgehst meinen Händen nicht." Der Frau hatten diese Drohungen um so mehr gegründete Besorgnisse einflößen müssen, als der S. ein Mann von sehr heftiger Gemüthsbeschaffenheit war. Am 29. März 1854 hatte er seiner Frau Mißhandlungen zugefügt, die sogar sichtliche Spuren hinterlassen hatten. Er wurde zur Untersuchung gezogen und gestraft sowohl wegen dieser Mißhandlungen, als auch wegen dieser Drohungen. Er ergriff die Nichtigkeitsbeschwerde; der Cass.-Hof zu Wien verwarf sie: Die Behauptung des Beschwerdeführers, daß, wenn nach einer Drohung unmittelbar die angedrohte That erfolgt, nur die That, nicht aber die Drohung einen Gegenstand der strafrichterlichen Beurtheilung bilde, wie der k. k. oberste Gerichtshof in einem ähnlichen Falle entschieden habe, daß er daher nur wegen der Mißhandlungen, nicht aber wegen der Drohung strafbar sein könne, ist ungegründet, weil die Drohungsworte: „Du mußt unter meinen Händen darauf gehen" — ein ganz anderes und zwar größeres Uebel als eine bloße Mißhandlung besorgen lassen, folglich nicht die angedrohte, sondern eine andere That erfolgte, — dann weil die Drohungen nicht mit Mißhandlungen begleitet waren, sondern die Mißhandlungen zu einer andern Zeit erfolgten."

Die Abweichung der Entscheidung dieses von dem vorigen Falle stützt sich also darauf, daß hier die Drohung ein größeres Uebel angekündigt habe, als demnächst ausgeübt sei. Aber auch in dem unter 3. mitgetheilten Falle war gedroht worden, einen Menschen zu erschießen, und doch war statt der Tödtung des Bedrohten nur die leichte Verwundung desselben erfolgt; also hätte man auch hier sagen dürfen, die Drohungsworte hätten ein ganz anderes und zwar größeres Uebel als eine bloße leichte Körperverletzung besorgen lassen. Daß aber weiter die zeitliche Trennung von Drohung und nachfolgender Verletzung ein sehr leicht täuschender Entscheidungsgrund sei, das bedarf keiner weiteren Ausführung.

5. In einer Entscheidung des Ob.-App.-Ger. zu Dresden (Neue J. B. für Sächs. St.-R. Bd. 8 S. 240. Mitgetheilt durch Temme Bd. V. S. 102 ff.) heißt es: „Nach der vom Oberappellationsgericht befolgten Ansicht kann zwar die im Art. 105 („Wer sich der Vollziehung einer von einer öffentlichen Behörde in ihrem Wirkungskreise ausgegangenen Anordnung gewaltthätig widersetzt, die dazu beauftragten Personen mit Thätlichkeiten bedroht oder sich an ihnen wirklich vergreift," rc.) der Thätlichkeit im Wesentlichen gleichgestellte Bedrohung mit Thätlichkeiten eine solche sein, welche die Merkmale der im Art. 170 (handelt von der einfachen Bedrohung) als besonderes Verbrechen charakterisirten Bedrohung an sich trägt, allein gewöhnlicher tritt bei ihr das eigentlich Charakteristische des Verbrechens, die Bedrohung, die auf die Störung des Bewußtseins des Rechtschutzes gerichtete Absicht, in den Hintergrund, oder mangelt wohl auch gänzlich. Es erscheinen vielmehr derartige Bedrohungen mit Thätlichkeiten in der Regel nur als Vorbereitungen, oder sogar als Versuche von Rechtswidrigkeiten, oder als Ankündigungen sofort zu verübender Thätlichkeiten, bei denen sich nicht annehmen läßt, daß der Bedrohende sich irgend einer andern Absicht, als der der unmittelbaren Ausführung des Angekündigten bewußt sei. Im hier vorliegenden Falle bestand das, was als Bedrohung in Betracht gekommen ist, darin, daß M. mit dem gezückten Messer nach dem ihn nach der Polizeihauptwache abführenden Officianten stieß; er versuchte demnach die Zufügung von Verletzungen, oder nach gemeinem Sprachgebrauche: er bedrohte mit Thätlichkeiten. Dafür aber, daß er bei Zückung des Messers beabsichtigt habe, das Gefühl der Rechtssicherheit dauernd zu stören, oder daß er überhaupt auch nur neben der Absicht, Gebrauch von der Waffe zu machen, den Gedanken gehabt habe, durch ihre Vorzeigung Furcht zu erwecken, sprechen die Ergebnisse der Untersuchung nicht" rc. . . .

Aus diesen verschiedenen mitgetheilten Entscheidungen ist denn zu entnehmen, daß ein sicheres Prinzip zur Entscheidung der Frage ob und wann die Drohungen durch ein nachfolgendes Verbrechen absorbirt werden, nicht aufgestellt ist. Namentlich muß auch für die Preußische Praxis dieser Mangel durchaus anerkannt werden. Den richtigen Gesichtspunkt zur Gewinnung eines solchen deuten am besten an die Entscheidungen der unter 2. und 5. mitgetheilten Fälle. Indem der Cass.-Hof zu Wien sagt: „Wenn mit einer That gedroht, und dieselbe unter Einem gesetzt und ausgeführt wird," so ist dadurch wenigstens der juristische Grund angedeutet, welcher kein anderer ist als der, daß wenn Drohung und nachfolgendes Verbrechen auf ein und dieselbe Absicht zurückzuführen sind, die Drohung durch das nachfolgende Verbrechen absorbirt werde. Wenn ferner das Oberappellationsgericht zu Dresden als charakteristisches Moment des selbständigen Verbrechens der Bedrohung eine bestimmt präcisirte Absicht verlangt, und von einer selbständigen Bestrafung der Bedrohung überall da nichts wissen will, wo diese selbständige Absicht fehlt, so ist damit auch gesagt, daß wo außer der Absicht das angedrohte Verbrechen zu realisiren, noch eine andere Absicht durch das Mittel der Drohungen realisirt werden soll, die für die Bedrohung vorgeschriebene Strafe verwirkt sein müsse und von einer Absorbirung dieses selbständigen Delikts durch ein anderes demselben nachfolgendes Delikt nicht die Rede sein könne. Damit würde denn auch das zur Entscheidung zweifelhafter Fälle in der Praxis brauchbare Prinzip gefunden sein. Soll nämlich die Drohung dem Thäter dazu dienen eine Absicht zu realisiren, welche durch dieses Mittel überhaupt realisirbar ist, beabsichtigt z. B. der Thäter durch die Drohung einen Zustand der psychischen Unfreiheit in dem Bedrohten herbeizuführen, so kann dieses durch seine besondere Absicht charakterisirte Verbrechen niemals zu einem bloßen conc. legum poenalium Veranlassung geben, sondern es wird, wenn außerdem noch eine — gleichviel ob durch die Drohung oder durch ein anderes Mittel zu realisirende — zweite verbrecherische Absicht vorhanden war, immer ein conc. delictorum vorhanden sein. Wenn dagegen der Thäter nur eine Absicht hatte, wenn die Drohung nur als Ankündigung, als Vorbereitung, vielleicht als Versuch des beabsichtigten

Verbrechens gebraucht wurde, so kann für die Drohung niemals eine selbständige Strafe verwirkt sein. So wird z. B. niemand daran denken, bei einer durch das Mittel der Drohung bewirkten Vermögensverletzung zwei Verbrechen anzunehmen; aus keinem anderen Grunde als weil die Absicht des Thäters nur auf die Vermögensverletzung gerichtet war.

Betrachten wir nach diesen eben entwickelten Grundsätzen die mitgetheilten Rechtsfälle und Entscheidungen, so ist für den unter 2. angeführten Rechtsfall die Entscheidung richtig motivirt. Da nämlich der Thäter nichts weiter beabsichtigte als eine Vermögensbeschädigung, er dieselbe durch eine Drohung ankündigte, damit, wie wir hinzufügen dürfen, die Drohung wo möglich die Wirksamkeit äußern möge, dem Angeschuldigten das Motiv zur Vermögensbeschädigung zu beseitigen, so konnte auch nur diese letztere Gegenstand der Verurtheilung bilden. Dagegen war bei dem unter 3. mitgetheilten Falle von dem ersten Gerichte ausdrücklich festgestellt, daß der Thäter die Absicht gehabt habe, den Bedrohten in Unruhe zu versetzen. Damit war ganz abgesehen von der nachher eingetretenen Körperverletzung des Bedrohten, ein besonderes Delikt festgestellt, welches willkührlich zu beseitigen der höchste Gerichtshof in keiner Weise für befugt erachtet werden kann. Hinsichtlich des zweiten Delikts, der Beschädigung des Bedrohten, beging das Untergericht den Fehler, daß über die diesem objektiven Erfolge entsprechende Absicht des Thäters gar keine Feststellung erfolgt war. Es konnte je nach dem Ergebniß dieser Feststellung entweder versuchte Tödtung, oder beabsichtigte Körperverletzung gestraft werden, ja es war möglich, daß auch das Schießen nur noch in der Absicht den Bedrohten in Unruhe zu versetzen stattgefunden hätte, und die Verwundung sonach nur als eine culpose zu bestrafen gewesen wäre. Dieser Fehler hinsichtlich der thatsächlichen Feststellung wäre von dem Wiener Cassationshofe durch Anordnung einer neuen thatsächlichen Feststellung zu rügen, nicht aber durch die in der Entscheidung leicht erkennbaren Willkührlichkeiten zu beseitigen gewesen. — Der vierte Rechtsfall bringt zwei Entscheidungsgründe bei, deren Mangelhaftigkeit schon oben anzudeuten war. Es ist allerdings richtig, daß die Uebereinstimmung des gedrohten mit dem wirklich ausgeführten Uebel als ein Indicium für die Einheit der Absicht benutzt werden kann, aber ein größeres Gewicht wird man dieser Uebereinstimmung nicht zugestehen dürfen. In sehr vielen Fällen wird die ankündigende Drohung nichts weiter dokumentiren als die ganz generelle Absicht dem Bedrohten ein Uebel zuzufügen und gerade diese Unbestimmtheit dessen, was geschehen soll, drückt sich in dem Androhen des möglichst großen Uebels aus. Erst die That selbst zeigt dann auf welche Rechtsverletzung sich die bis dahin noch unbestimmte Absicht präcisirt hat. — Das schnelle Aufeinanderfolgen von Drohung und Ausführung ist ebenfalls Indicium für Einheit, sowie der längere Zwischenraum zwischen beiden für Verschiedenheit der Absicht; aber entscheidend ist dieses Indicium durchaus nicht.

Was nun die Preußische Praxis betrifft, so kann ich keinen Grund weder in der jetzigen Fassung des § 212 noch auch in den Motiven zu demselben erkennen, weshalb die eben ausgesprochenen Grundsätze nicht auch hier anwendbar sein sollten. Es wird also auch für die Preußische Praxis darauf ankommen, thatsächlich festzustellen, ob außer der auf die Begehung des vollendeten resp. versuchten Verbrechens gerichteten Absicht, die Realisirung einer selbständigen Absicht durch die Drohung bewirkt werden sollte. In diesem Falle wird reale Konkurrenz anzunehmen sein. Wenn dagegen Drohung und ausgeführtes Verbrechen auf ein und derselben Absicht basiren, so kann nur von einem Verbrechen die Rede sein; man wird in einem solchen Falle selbst nicht einmal von einer idealen Konkurrenz zwischen § 212 und einem anderen Strafgesetze sprechen dürfen, da § 212 nicht die Drohung als Ankündigung oder Vorbereitung eines Verbrechens bestraft wissen will, sondern die durch Drohung herbeigeführte Versetzung in einen Zustand psychischer Unfreiheit — soweit dieselbe nicht den Thatbestand eines anderen Verbrechens z. B. Erpressung, Raub, Majestätsbeleidigung ausmacht. — Da in der unter 1. mitgetheilten Entscheidung der Preußischen Praxis nicht zu ersehen ist, ob hinsichtlich der Einheit oder der Mehrheit der Absicht eine thatsächliche Feststellung erfolgt ist, so läßt sich auch gar nicht entscheiden, ob dem Urtheil des Kammergerichts beizustimmen ist, oder der Ansicht Oppenhoff's.

Ueber das Verhältniß von Brandstiftung und Betrug ist bereits oben unter II. gehandelt worden. Hier ist noch das Verhältniß zu untersuchen, wenn außer der Brandstiftung in betrüglicher Absicht noch eine Ueberversicherung vor dem Brande und eine Ueberliquidirung nach demselben stattfindet. Für das Preußische Recht sind hier bekanntlich folgende Specialbestimmungen des Gesetzes vom 8. Mai 1837 maßgebend. § 20: „Wer Mobiliar-Vermögens-Gegenstände gegen Feuersgefahr wissentlich zu einem höheren, als dem gemeinen Werth versichert hat, hat, außer der Zurückführung der Versicherungssumme auf diesen Werth eine dem Betrage der Ueberschreitung gleichkommende Geldbuße verwirkt, welche, wenn die Entdeckung der Ueberversicherung erst nach eingetretenem Brande geschehen, verdoppelt wird." — § 28: Ein Versicherter, welcher gegen die Vorschriften des § 17 eine zu hohe Entschädigungsforderung aufstellt, hat eine Geldbuße von fünf bis einhundert Thaler verwirkt; ist die Aufstellung in böslicher Absicht geschehen, so treten die Strafbestimmungen des A.L.R. Thl. II. Tit. 20 §§ 1375, 1376 und 1328 ein." (Statt dieser landrechtlichen Bestimmung ist jetzt in Anwendung zu bringen Str.-G.-B. § 241.) — Für den Fall, daß eine Ueberversicherung und nachfolgende Brandstiftung in betrügerischer Absicht, und nachfolgende Ueberliquidirung stattgefunden hatte, findet sich eine Entscheidung des Obertribunals in Goltdammer Archiv Thl. II. S. 561: (der Fall selbst c/a Fißmer ist oben S. 81 bereits mitgetheilt.)

„daß die Ueberversicherung des Waarenvorraths der Wittwe Fißmer und die in böslicher Absicht vorgenommene Liquidirung einer zu hohen Brandentschädigungsforderung für sich allein strafbar sind, sie auch in keiner Weise zusammentreffen, von dieser nach Zeit und Ort getrennt sind, und strafbar bleiben, wenn die Brandstiftung auch gar nicht stattgefunden hatte; daß dieses Verhältniß auch dadurch keine Aenderung erleidet, daß alle jene Handlungen aus derselben strafbaren Absicht des Angeklagten, sich auf Kosten der Versicherungsgesellschaft einen ungerechten Gewinn zu verschaffen, geflossen sind, und daß daher der Beschluß des Appellationsgerichts zu Hamm die

Handlungen des Angeklagten mit Unrecht nur unter den Begriff der Brandstiftung gebracht hat."

Dagegen heißt es aber in einer im 5. Bande des Archivs S. 408 mitgetheilten Entscheidung, welche sich allerdings lediglich auf Brandstiftung mit nachfolgender Ueberliquidirung bezieht:

„Richtig ist, daß das in den §§ 28, 17 des Gesetzes vom 8. Mai 1837 gedachte Vergehen der böslichen Ueberliquidirung eines Brandschadens unabhängig von dem Verbrechen der betrügerischen Brandstiftung — § 244 Str.-G.-B. — und der gemeingefährlichen Brandstiftung — § 285 Straf-G.-B. — begangen werden kann und umgekehrt, und daß beide selbst successiv und getrennt von einander begangen werden können. Wenn aber in einem gegebenen Falle der Angeschuldigte nicht blos eine gegen Feuersgefahr versicherte Sache in betrügerischer Absicht, oder ein Wohnhaus, in welchem sich die versicherten Sachen befanden, in Brand gesetzt, sondern auch demnächst den Brandschaden in böslicher Absicht zu hoch liquidirt hat, und von vorn herein sein Vorsatz zugleich auf dies Alles gerichtet gewesen ist, so ist dies Alles nur der Fortgang einer und derselben verbrecherischen That."

Die letztere Entscheidung ist jedenfalls die richtige. War die Ueberversicherung schon in der Absicht unternommen um bei einer etwa eintretenden Feuersbrunst mehr als den Werth der verbrannten Sachen liquidiren zu können, so wird die Ueberversicherung sich nur als eine Vorbereitungshandlung des Betruges auffassen lassen. Mag diese Vorbereitungshandlung, wenn für sich allein bestehend, auch eine selbständige Bestrafung bedingen, so hört doch diese Bestrafung auf, sobald die Selbständigkeit der Vorbereitungshandlung durch die wirkliche Begehung des vorbereiteten Verbrechens vernichtet wird, und es kann nur noch von einer Bestrafung des vollendeten oder versuchten Betruges die Rede sein. Wird nun der bei der Ueberversicherung beabsichtigte Betrug durch eine Brandstiftung ausgeführt so konkurrirt das formale Verbrechen der Brandstiftung mit dem materialen des Betruges, und würde nach den oben unter II. entwickelten Grundsätzen die Strafe der Brandstiftung die des Betruges absorbiren. — Dieses alles gilt aber nur, falls eine Absicht die ganze Reihenfolge der Thätigkeiten umfaßte. Möglich ist es, daß die Ueberversicherung auf einer selbständigen Absicht beruhte — z. B. der Thäter denkt daran, falls durch einen Zufall die versicherten Gegenstände verbrennen sollten, dann die höhere Summe zu liquidiren — und begeht dann auf Grund einer neuen Absicht die betrügliche Brandstiftung selbst. In diesem Falle würde die stattgehabte Ueberversicherung besonders zu strafen sein. —

Als eine gefährliche Handlung, welche leicht zu wirklichen Rechtsverletzungen, namentlich Betrug führen kann, ist auch der versteckte Wucher — einer anderen Beurtheilung unterliegt der gewohnheitsmäßige Wucher — aufzufassen. Wird dieser in der Absicht vorgenommen, um zu betrügen, liegt z. B. in den Propositionen die der Wucherer macht, ein Anfang des Betruges, so wird man nicht anstehen dürfen, den durch versteckten Wucher begangenen Betrug als ein Verbrechen aufzufassen und demgemäß eine Vereinigung der beiden Strafgesetze §§ 241 und 263 nach den Vorschriften des § 55 vorzunehmen. Wenn dagegen der versteckte Wucher für sich allein und ebenso auch der Betrug selbständig beabsichtigt sein sollte, so würde § 55 unanwendbar sein, da nicht ein sondern zwei Verbrechen vorliegen. Wenn Oppenhoff zu § 263 St.-G.-B. n. 53 sagt: „eine und dieselbe Handlung wird in der Regel nicht gleichzeitig den Thatbestand des Wuchers und des Betruges (in idealer Konkurrenz) in sich schließen können, weil jener ein Abkommen mit dem Schuldner, also ein Einverständniß mit demselben, dieser eine Täuschung des Schuldners, also das Gegentheil voraussetzt" — so ist diese Bemerkung deswegen nicht vollkommen zutreffend, weil nicht blos bei dem Wucher, sondern auch bei dem Betruge „Einverständniß" zwischen den Paciscenten vorhanden sein muß. Dieses Einverständniß wird bei dem Betruge durch die Täuschung herbeigeführt, vermöge deren der Betrogene dazu bestimmt wird, dasselbe zu wollen was der Betrüger will. Man kann daher nicht Einverständniß und Täuschung als eins das andere ausschließend, sondern muß dieselben als eins durch das andere bedingt auffassen. — Oppenhoff giebt es a. a. O. zwar als etwas Ausnahmsweises zu, daß Einverständniß durch Täuschung bewirkt werden könne, aber es ist das Ausnahmsweise gerade zu bestreiten und für jeden Betrug das Ausnahmslose zu behaupten, daß gerade durch die Täuschung Einverständniß bewirkt wird; und so lange das Einverständniß nicht bewirkt worden, kann auch nie von einem vollendeten Betruge gesprochen werden.

Stellen wir noch kurz das Resultat hin, welches die Betrachtung der vorstehenden Fälle ergeben hat. Vorbereitungen zu einem Verbrechen sind Bestandtheile der verbrecherischen Handlung und werden durch ein und dieselbe Absicht zu dem Ganzen der verbrecherischen Handlung vereinigt. An diesem Verhältnisse wird nichts geändert, wenn unter den Vorbereitungshandlungen zu einem Verbrechen sich auch solche finden, welche um ihrer Gefährlichkeit willen selbst dann mit Strafe bedroht sind, wenn es bei der bloßen Gefahr blieb, d. h. wenn sich ein bestimmtes Verbrechen aus der Gefährlichkeit der Handlung nicht ergab; und zwar bleibt die Sache deswegen unverändert, weil, gleichviel wie das Gesetz die gefährlichen Handlungen formell behandeln mag, dieselben ihrer materiellen Beschaffenheit nach mit den übrigen Vorbereitungshandlungen unter einer Absicht zusammengefaßt werden können, und in Folge dessen mit diesen zusammen nur eine verbrecherische Handlung ausmachen. Treffen diese Voraussetzungen zu, so ist § 55 anwendbar.

Aber noch eine Bemerkung ist hier hinzuzufügen. Es kann nämlich die Gefährlichkeit der Vorbereitungshandlung weiter reichen als auf die Herbeiführung des einen wirklich begangenen Verbrechens. Und in diesem Falle würde es gerechtfertigt sein, die Strafe für die gefährliche Handlung durch die Strafe für das begangene Verbrechen nicht vollkommen absorbiren zu lassen. Daraus erklärt sich denn, daß die Gesetze es hin und wieder als einen Qualifikationsgrund auffassen, wenn ein Verbrechen durch eine solche Vorbereitungshandlung begangen wird, welche an und für sich schon als gefährliche Handlung mit Strafe bedroht ist. — So führe ich aus dem Preußischen Strafgesetzbuch die Bestimmung des § 118 an: Derjenige der unter Gebrauch eines falschen Namens bettelt, soll mit Gefängniß von einer Woche bis zu drei Monaten bestraft werden. Diese Bestimmung erscheint als eine Kombination von § 105 —

wer sich eines Namens bedient, der ihm nicht zukommt, wird mit Geldbuße bis zu einhundert Thaler oder Gefängniß bis zu drei Monaten bestraft — und § 341 – wer bettelt . . . wird mit Gefängniß bis zu 6 Wochen bestraft. — Würde § 118 sich nicht im Str.-G.-B. finden, so könnte nach § 55 lediglich die Strafe des § 105 als die schwerere in Anwendung gebracht werden. Das Gesetz hat aber in der Strafbestimmung des § 118 eine Kombination bewirkt, durch welche die Strafe des § 105 erhöht wird. — Derartige Kombinationen zu bewirken, wird aber der Praxis in keiner Weise zustehen. Die größere oder geringere Gefährlichkeit der Handlung wird allerdings als Strafzumessungsgrund von Erheblichkeit sein; aber die Strafgrenzen und somit auch das arithmetische Mittel für die Höhe der Strafe bleiben genau dieselben, selbst wenn auch eine mit besonderer Strafe bedrohte gefährliche Handlung sich unter den Vorbereitungen zum Verbrechen vorfände.

IV. Bei Begehung eines Verbrechens werden von dem Thäter auch diejenigen gesetzlichen Bestimmungen verletzt, welche die Möglichkeit einer Begünstigung des begangenen Verbrechens oder auch die Begünstigung selbst verhindern sollen.

Hier ist auf Folgendes aufmerksam zu machen:

1. Durch die allgemeine Bestimmung über die Begünstigung, Str.-G.-B. § 37: Wer nach Verübung eines Verbrechens oder Vergehens dem Thäter wissentlich Beistand leistet . . . 2c. 2c. werden für das Verhältniß der Begünstigung zwei Personen, der Begünstiger und der Thäter verlangt. Der Thäter selbst kann nicht sein eigener Begünstiger sein. Eine Thätigkeit, welche von einem Dritten ausgeübt, Begünstigung sein würde, verliert von dem Thäter selbst, in eigenem Interesse vorgenommen, den Charakter der Begünstigung, und kann von der konkurrirenden Anwendung des § 37 schlechterdings keine Rede sein.

2. Formell betrachtet, ist die Hehlerei ein besonderes Verbrechen. Materiell aufgefaßt ist sie nur eine besondere Art der Begünstigung. Dieser letztere Gesichtspunkt entscheidet für die Beantwortung der Frage, ob der Dieb an der von ihm selbst gestohlenen Sache auch noch der Hehlerei schuldig werden könne. Es muß dies verneint werden, weil das Behalten, Verbergen, Ankaufen

der gestohlenen Sache vom Miturheber ꝛc., nichts weiter ist als die Durchführung ein und derselben Absicht. In dieser Weise ist die Frage auch für die preußische Praxis entschieden worden. (Goltdammer Archiv III. S. 753.)

3. Zu besonderen Controversen hat Str.-G.-B. § 186 Veranlassung gegeben: „Wer ohne Vorwissen der Behörde einen Leichnam beerdigt oder bei Seite schafft, wird mit Geldbuße bis zu zweihundert Thalern oder mit Gefängniß bis zu sechs Monaten bestraft. — Die Strafe ist Gefängniß bis zu zwei Jahren, wenn eine Mutter den Leichnam ihres unehelichen neugeborenen Kindes ohne Vorwissen der Behörde beerdigt oder bei Seite schafft." — Es mögen hier zunächst zwei Rechtsfälle einen Platz finden:

Goltdammer Archiv I. S. 709. Die Angeklagte hat ihr uneheliches Kind getödtet und sodann den Leichnam in einen Haufen Kartoffelkraut auf dem Felde verborgen. Sie ist aus § 180 gestraft, jedoch von der zugleich erhobenen Anklage der heimlichen Fortschaffung des Leichnams aus § 186 freigesprochen. Die Nichtigkeitsbeschwerde der Staatsanwaltschaft rügt dies, sie findet reale Konkurrenz, mindestens eine durch die Aufhebung der ausdrücklichen Freisprechung aus § 186 anzuerkennende reale Konkurrenz. Das Urtheil des Ober-Tribunals hat das erste Urtheil bestätigt.

Goltdammer Archiv VI. S. 244. Die Anklage geht auf Kindesmord. Die Angeklagte hat angegeben, am Abend des 8. November 1856 ein Kind weiblichen Geschlechts in der Küche geboren, und dasselbe, ohne ein Lebenszeichen an ihm wahrzunehmen, nach einem 50 Schritte entfernten Wasserloch auf dem Hofe hingetragen und es dort hineingeworfen zu haben. Fünf Tage später ward es daselbst entdeckt und später obducirt.

Die Obducenten waren der Ansicht, daß das Kind völlig rechtzeitig geboren und gliedmäßig gewesen sei, daß es vollständig geathmet und nach der Geburt gelebt habe, daß es durch einen Hirnschlagfluß gestorben und dieser durch beispiellos rohe Behandlung am Kopf oder durch Ertränken herbeigeführt sei.

Ein Superarbitrium des Medicinal-Kollegii der Provinz ging dahin, daß unter den vorliegenden Umständen der Schlagfluß auch wohl dem Temperaturwechsel, welchem das Kind bei seiner Geburt ausgesetzt war, sowie dem damit identisch werdenden Mangel an Pflege beigemessen werden könne.

Endlich sprach sich ein Superarbitrium der wissenschaftlichen Deputation des Ministerii zu Berlin gleichfalls dahin aus, die Todesursache sei in Ermangelung anderer nachweisbarer Ursachen lediglich in dem großen Temperaturwechsel, dem das Kind ausgesetzt wurde, zu finden.

In der Audienz unterwarfen sich, wie es im Protokoll heißt, die Obducenten diesem letzteren Gutachten.

Die erste gegen die Angeklagte gestellte Frage, ob die Angeklagte am 8. November 1856 ihr neugeborenes uneheliches Kind in oder gleich nach der Geburt vorsätzlich getödtet habe, also die Frage wegen Kindesmordes, verneinten die Geschwornen.

Für diesen Fall waren zwei eventuelle Fragen gestellt:

1) wegen fahrlässiger Tödtung des Kindes dadurch, daß die Angeklagte dasselbe unbekleidet und unbedeckt der freien Luft ausgesetzt, indem sie das eben geborene Kind in ihrem Unterrocke aus dem Hause über den Hof und nach dem Garten in ein Wasserloch getragen;

2) wegen Beiseiteschaffung des Leichnams ohne Vorwissen der Behörde, in der Absicht, den Leichnam den Augen Anderer, namentlich der Behörde, zu entziehen.

Die Geschwornen bejahten diese beiden Fragen, und der Gerichtshof verurtheilte hierauf die Angeklagte wegen fahrlässiger Tödtung ihres Kindes (§ 184) und wegen Beiseiteschaffung des Leichnams desselben (§ 186) zu zwei Jahren Gefängniß.

Die Stellung der eventuellen Fragen, denen der Vertheidiger widersprochen, führte zur Nichtigkeitsbeschwerde und das Obertribunal entschied, indem dasselbe andere Anführungen des Imploranten als unrichtig zurückwies: „daß dagegen allerdings wegen des der Angeklagten schuldgegebenen Doppelvergehens einer fahrlässigen Tödtung und Beiseiteschaffung des Leichnams ihres Kindes, da beide Vergehen in derselben Handlung vereinigt waren, nach § 55 des Strafgesetzbuches nur eine Strafe, und zwar die Strafe des schwersten Vergehens, also, wie sich von selbst versteht, bei Gleichheit der Strafgrenzen, die Strafe desjenigen, welches innerhalb der gleichen Strafgrenze als das schwerste, d. h. strafwürdigste erscheint, anzuwenden war; daß indessen das Schwurgericht diesen § 55 nicht in Betracht genommen, vielmehr die Angeklagte lediglich mit Anführung der §§ 184, 186 des Str.-G.-B. verurtheilt habe . . . 2c."

Zu diesen beiden Rechtsfällen sind nun folgende Bemerkungen zu machen:

a. Die Entscheidung des ersten Rechtsfalles ließ den § 186 als gar nicht in Anwendung kommend ganz außer Acht, und verurtheilte lediglich wegen Kindesmordes aus § 180. Bei der Entscheidung des zweiten Falles wird dagegen gesagt, es fände außer § 184 auch noch § 186 auf die Angeklagte Anwendung, wenn auch die Strafe des § 186 durch die Vorschrift des § 55 absorbirt werde. Mag es immerhin für das Resultat gleichgültig sein, ob die bloße Anwendung der Strafbestimmung für die Tödtung auf die eine oder andere Weise erklärt wird, für die juristische Auffassung der Sache ist dies gar nicht gleichgültig. Die Frage, auf deren Beantwortung es hier ankommt ist die: Findet auf den Urheber — resp. Theilnehmer — einer dolosen oder culposen Tödtung, der § 186 Anwendung, falls der Tödtende den Leichnam bei Seite schafft? Diese Frage muß jedenfalls verneint werden, schon des historischen Zusammenhanges wegen, in welchem § 186 des Straf-G.-B. mit 965 f. Thl. II. Tit. 20 des A.L.R. steht. (Vergl. hierüber Goltd. Archiv Bd. I. S. 709.) Man müßte aber bei demselben Resultate stehen bleiben, wenn auch die Zurückbeziehung auf das A.L.R. gar nicht möglich wäre; denn es folgt diese Auffassung aus inneren Gründen. In dem Beiseiteschaffen eines Leichnams kann nämlich entweder eine Begünstigung der Tödtung liegen, wenn nämlich der die Leiche Fortschaffende weiß, daß in dem vorliegenden Falle die Todesursache durch eine verbrecherische Handlung begründet sei. In dieser Weise kann aber der Verbrecher selbst nicht strafrechtlich in Anspruch genommen werden, weil niemand sein eigener Begünstiger sein kann. Wenn indessen das Beiseiteschaffen eines Leichnams eine Begünstigung der Tödtung ist, so findet nicht § 186 sondern die allgemeine Bestimmung des § 37 Anwendung. — Der § 186 bleibt sonach nur für diejenige Beiseiteschaffung eines Leichnams übrig, welche nicht die Begünstigung einer Tödtung enthält, vielmehr nur die Gefahr der Verdeckung eines möglicherweise begangenen Verbrechens involvirt. Dieser Ausschluß der Begünstigung ist aber nur dann denkbar, wenn, im Falle eine Tödtung stattgefunden hat, derjenige, welcher die Leiche bei Seite schafft, von der voraufgegangenen Tödtung nichts weiß, oder wenn überhaupt keine verbrecherische Tödtung begangen war. Beide Voraussetzungen treffen aber für den, der die Tödtung selbst bewirkt hat, nicht zu; denn einmal ist eine Tödtung begangen, und sodann weiß auch der Verbrecher, daß eine Tödtung stattgefunden hat. Daraus ergiebt sich, daß, wenn der Verbrecher selbst den Leichnam des von ihm Getödteten bei Seite schafft, diejenigen Voraussetzungen nicht vorhanden sind, von denen die Anwendung des § 186 abhängt. Folglich kann in Fällen wie die vorliegenden von einer Vereinigung der Strafbestimmungen über die Tödtung mit dem § 186 gar nicht die Rede sein, sondern es ist die Verurtheilung lediglich und allein auf den betreffenden Tödtungsparagraphen zu stützen. —

b. Angenommen, es wäre in dem zuletzt erwähnten Falle die Verurtheilung der Angeklagten nach den §§ 184, 186, 55 zu bewirken gewesen, so muß es noch in der Entscheidung des Obertribunals auffallen, daß von gleichen Strafgrenzen der §§ 184 und 186 gesprochen wird. Die Worte des Obertribunals lauten: es sei die Strafe des schwersten Vergehens anzuwenden, also, „wie sich von selbst versteht, bei Gleichheit der Strafgrenzen die Strafe desjenigen, welches innerhalb der gleichen Strafgrenze als das schwerste, d. h. strafwürdigste erscheint." — Dieser Entscheidungsgrund muß auf einer unrichtigen Auffassung des Wesens der Strafgrenzen und der durch die Strafgrenzen bedingten Größe der Strafe beruhen. Allerdings ist es richtig, daß sowohl § 186 al. 2 wie auch § 184 als höchstes Strafmaß Gefängniß bis zu zwei Jahren bestimmen. Dadurch ist aber eine Gleichheit nur mit Bezug auf das Maximum gegeben, keinesweges aber eine Gleichheit der Strafgrenzen überhaupt. Diese werden nämlich durch das Maximum und durch das Minimum der Strafe gebildet. Von Gleichheit der Strafgrenzen wird daher nur dann die Rede sein können, wenn zwei relativ bestimmte Strafen sowohl im Maximum wie auch im Minimum übereinstimmen. Da nun das Minimum der durch § 186 al. 2

gedrohten Strafe gar nicht bestimmt ist, also nach § 15 al. 2 bis auf einen Tag heruntergegangen werden kann, § 184 dagegen als Minimum Gefängniß von zwei Monaten bestimmt, so ergiebt sich daß von einer Gleichheit der Strafgrenzen mit Bezug auf § 184 und § 186 nicht gesprochen werden kann. Daraus ergiebt sich nun aber auch sofort, daß trotz der Uebereinstimmung des Maximum der Strafe, die Größe der Strafe für die in den beiden genannten Paragraphen bedrohten Delikte eine verschiedene ist. Bei den relativ bestimmten Strafgesetzen kann nämlich die Größe der Strafe an sich nur durch das zwischen dem Minimum und Maximum befindliche arithmetische Mittel bestimmt werden. Für § 186 al. 2 ist dieses ein Jahr Gefängniß, für § 184 dagegen ein Jahr und ein Monat; und ergiebt sich eben diese Differenz in der Strafgröße durch das in beiden §§ verschieden bestimmte Strafminimum. — In dieser Weise kann es vorkommen, daß Strafen, welche hinsichtlich ihrer Strafgrenzen gar nicht übereinstimmen, hinsichtlich ihrer Größe gleich sind. Es hätte z. B. ein Gesetz bestimmt, Zuchthausstrafe von 5—15 Jahren, ein zweites dagegen Zuchthaus von 2—18 Jahren. Beide Strafen würden, da ihr arithmetisches Mittel das gleiche ist, nämlich 10 Jahre Zuchthaus, als gleich schwere Strafgesetze bezeichnet werden müssen. Sollte dann, um in dem Beispiele fortzufahren, der Fall eintreten, daß ein Verbrechen die Merkmale dieser beiden Strafgesetze enthielte, so würde die Bestimmung des § 55 das schwerere Strafgesetz anzuwenden, gar nicht befolgt werden können, weil beide Strafgesetze gleich schwere sind. Es würde der Richter dann lediglich nach der Beschaffenheit des einzelnen Falles zu prüfen haben, ob die Strafzumessung passender mit Bezug auf die weiteren Grenzen des einen, oder die engeren des anderen Strafgesetzes vorzunehmen sei. Von einer Vereinigung beider Gesetze — mindestens auf das höhere Minimum und höchstens auf das höhere Maximum — kann natürlich gar nicht die Rede sein, da durch diese Operation die Entscheidung weder nach einem noch nach dem anderen, sondern nach einem willkürlich von dem Richter gebildeten dritten Strafgesetze erfolgen würde. Daß übrigens der eben ausgesprochene Gedanke, die Größe der relativ bestimmten Strafe nach dem zwischen den Strafgrenzen liegenden arithmetischen

Mittel zu bestimmen, legislativ nicht nur verwerthet werden kann, sondern daß dieser Gedanke den einzigen festen Haltpunkt gewährt, um ein von Willkührlichkeiten möglichst freies Strafensystem aufzustellen, das mag hier angedeutet sein und die weitere Ausführung dieser Andeutung einer späteren Zeit vorbehalten bleiben. —

Die vorstehende Kasuistik sollte die mannigfaltigen Gestaltungen des praktischen Rechts darstellen, durch die es vorkommt, daß ein Verbrechen begangen und mehr als ein Strafgesetz entweder wirklich verletzt ist, oder doch als verletzt erscheinen kann. Auf diese Fälle, so behaupte ich, kann ausschließlich die Bestimmung des § 55 Anwendung finden. Und sollte auch die Praxis noch neue, hier nicht berührte Formationen erzeugen, der § 55 richtig interpretirt, wird auf dieselben nur dann anzuwenden sein, wenn sie der Voraussetzung entsprechen, daß ein Verbrechen mehr als ein Strafgesetz verletzt. Für diese Fälle würde zweckmäßig der Ausdruck ideelle Verbrechenskonkurrenz zu verwenden sein. Daß dieser Ausdruck und somit auch die Anwendung des § 55 auf diejenigen Fälle, in denen nicht blos mehrere Strafgesetze bei ein und demselben Verbrechen, sondern in denen mehrere Verbrechen konkurriren, unanwendbar sei, soll noch weiter unten gezeigt werden.

§ 9.

Anwendung der in § 6 erörterten Theorie auf Str.-G.-B. §§ 56, 338.

§ 56. Gegen denjenigen, welcher durch verschiedene selbständige Handlungen mehrere Verbrechen oder Vergehen begangen hat, ist auf sämmtliche dadurch begründete Strafen vereinigt zu erkennen.

Es kann jedoch, insoweit es sich um Freiheitsstrafen handelt, die Dauer derselben bis auf das Maaß der für das schwerste Verbrechen oder Vergehen bestimmten Freiheitsstrafe herabgesetzt werden.

§ 338. Hat Jemand mehrere Uebertretungen begangen, so kommen die sämmtlichen dadurch begründeten Strafen zur Anwendung.

Die Strafe einer Uebertretung wird dadurch nicht ausgeschlossen, daß der Thäter außer der Uebertretung auch noch Verbrechen oder Vergehen begangen hat.

Es ist zunächst hinsichtlich der Fassung des § 56 darauf aufmerksam zu machen, daß die Worte „durch verschiedene selbständige Handlungen" überflüssig sind, und wie alles Ueberflüssige nicht nur Irrthümer erzeugen können, sondern in diesem Falle auch wirklich erzeugt haben. Daß aber die urgirten Worte wirklich überflüssig sind, ergiebt sich aus folgenden beiden Gründen:

1. Wenn das Gesetz von der Begehung mehrerer Verbrechen oder Vergehen spricht, so versteht es sich von selbst, daß auch von der Begehung mehrerer verbrecherischer Handlungen gesprochen ist, da ein Verbrechen eine Handlung, mehrere Verbrechen mehrere Handlungen bedingen. Auf das Wort „selbständige Handlungen" kann es nicht ankommen, da weder in der Doktrin der Unterschied zwischen selbständiger und unselbständiger Handlung gekannt wird, noch auch viel weniger dieser Gegensatz gesetzlich normirt ist. Es ist eben jede Handlung eine selbständige Handlung. — Auch um den Gegensatz zu § 55 auszudrücken, war es nicht nöthig von den verschiedenen selbständigen Handlungen zu sprechen. Denn da § 55 von einer Handlung spricht, welche die Merkmale mehrerer Verbrechen oder Vergehen in sich vereinigt, § 56 dagegen nicht von mehreren Handlungen welche nicht blos die Merkmale mehrerer Verbrechen oder Vergehen enthalten, sondern welche wirklich mehrere Verbrechen oder Vergehen sind, so würde der erforderliche Gegensatz zu § 56 auch ganz genügend ausgedrückt sein, wenn das Gesetz nur gesagt hätte: Gegen denjenigen, welcher mehrere Verbrechen oder Vergehen begangen hat, ist auf sämmtliche dadurch begründete Strafen vereinigt zu erkennen.

2. Daß aber auch nach der Intention des Preußischen Strafgesetzbuchs so wie dasselbe jetzt als ein Ganzes vorliegt, die „mehreren selbständigen Handlungen" etwas ganz Zufälliges und Ueberflüssiges sind, dafür liefert § 338 einen vollkommenen Beweis.

Dieser § sagt ja nur kurzweg: Hat Jemand mehrere Uebertretungen begangen ꝛc., ohne der mehreren selbständigen Handlungen irgendwie zu erwähnen. Da nun § 338 für die Uebertretungen keinen anderen kriminalistischen Begriff fixiren will, als es § 56 für Verbrechen und Vergehen gethan hat, so folgt daraus, daß es für den kriminalistischen Begriff des § 56 eben nur auf die mehreren Verbrechen und Vergehen ankommen kann, daß man sich wenigstens bei den mehreren selbständigen Handlungen unmöglich eine ganz besondere Begehungsart der mehreren Verbrechen oder Vergehen denken darf. Denn wäre dieses der Fall, so hätte auch § 338 sagen müssen: Gegen denjenigen, welcher durch verschiedene selbständige Handlungen mehrere Uebertretungen begangen hat — ꝛc. Es zeigt auch die Fassung des § 338 daß die mehreren selbständigen Handlungen des § 56 auch nach der Meinung des Gesetzes keineswegs nöthig sind, um einen Gegensatz zu § 55 zu bilden. Denn wäre dieses der Fall, so müßten, da § 337 die wörtliche Uebertragung des § 55 auf Uebertretungen ist, mithin § 338 dasselbe Bedürfniß des Gegensatzes gegen § 337 hatte, als § 56 gegen § 55, diese vielgenannten Worte sich auch im § 338 vorfinden. Statt dessen bewirkt § 338 den erforderlichen Gegensatz vollkommen richtig und ausreichend dadurch, daß er selbst von m e h r e r e n U e b e r t r e t u n g e n spricht und den § 337 von einer Handlung sprechen läßt, welche die M e r k m a l e mehrerer Uebertretungen in sich vereinigt. — Daß aber die von § 56 abweichende Fassung des § 338 sich daraus erklären lasse, daß jener § von Verbrechen und Vergehen, dieser dagegen von Uebertretungen handele, wird Niemand behaupten mögen, da bekanntlich nicht die Verschiedenartigkeit der strafbaren Handlung Verbrechen, Vergehen und Uebertretungen von einander scheidet, sondern diese Sonderung lediglich durch das rein äußerliche Kriterium der Höhe der Bestrafung bewirkt wird.

Da nun aber, wie gezeigt, die verschiedenen selbständigen Handlungen etwas ganz Indifferentes sind, so folgt daraus, daß überall da, wo ein und derselbe Thäter mehrere ungestrafte Verbrechen, Vergehen oder Uebertretungen begangen hat, § 56 resp. § 338 angewandt werden müsse, gleichviel welche Begehungsform für die mehreren Verbrechen vorliegen sollte. — Für den Fall der Konkurrenz mehrerer Verbrechen in dem eben angedeuteten Umfange wählen wir den Ausdruck reale, wahre Verbrechenskonkurrenz.

Hinsichtlich der verschiedenen Begehungsform hatte ich schon in meiner früheren Arbeit vier verschiedene Fälle angeführt, welche unter Benutzung einer richtigeren Terminologie als dort geschehen, hier wiederholt werden mögen.

Erster Fall. Der Thäter bedient sich ein und desselben Mittels um mehrere von ihm beabsichtigte Rechtsverletzungen auszuführen.

Zweiter Fall. Der Thäter beabsichtigt mehrere Verbrechen, doch aber eines nur zu dem Zwecke, um das andere begehen zu können, eines dient nur als Mittel zur Ausführung oder Verdeckung des zweiten. Die Zeit durch welche die Ausführung beider Verbrechen geschieden ist, kann eine so kurze sein, daß selbst Gleichzeitigkeit der verbrecherischen Handlungen, ebenso wie im vorigen Fall, auch hier angenommen werden kann. Unter diesen Fall subsumirte ich auch die culpa dolo determinata und die mittelbare Injurie mit Bezug auf C. 1 § 9d (47. 10) und einige andere Stellen desselben Pandektentitels. Dieser letztere Fall kann mit Bezug auf das Pr. Str.-R. übergangen werden, da dieses die mittelbare Injurie nicht kennt.

Dritter Fall. Die angegriffenen Rechte sind selbständige Theile ein und desselben Rechts, es existirt aber für die Verletzung eines jeden Theils eine besondere Absicht des Thäters.

Vierter Fall. Die einzelnen gleichartigen oder verschiedenartigen Verbrechen kommen nur dadurch in eine Beziehung zu einander, daß das spätere vor der Bestrafung des früheren begangen wird. In dieser Kategorie können auch culpose Verbrechen neben dolosen und culpose neben culposen Verbrechen konkurriren.

Hinsichtlich dieser vier Fälle ist es von den beiden letzteren unbestritten, daß dieselben zur reellen Konkurrenz gerechnet und somit unter § 56 gezogen werden müssen. Hinsichtlich der beiden ersteren dagegen wird behauptet, sie gehörten zur ideellen Konkurrenz und fände auf dieselben Str.-G.-B. § 55 Anwendung. Somit bedarf die Frage eine wiederholte Erörterung, ob es gerechtfertigt sei, im

Gebiete der wahren Verbrechenskonkurrenz den Unterschied zwischen reeller und ideeller Konkurrenz aufrecht zu erhalten.

§ 10.

Reale und ideale Konkurrenz im Gebiete der wahren Verbrechenskonkurrenz.

Wenn die im vorigen § genannten beiden ersten Fälle der Verbrechenskonkurrenz von den beiden letzteren gesondert, jene als ideale, diese als reale Konkurrenz bezeichnet werden, so hat diese Unterscheidung nur dann einen Sinn, wenn die beiden ersteren Fälle von den beiden letzteren sich durch kriminalistisch wesentliche Merkmale unterscheiden sollten. Nun besteht die Eigenthümlichkeit des ersten Falles darin, daß die mehreren Verbrechen durch ein und dasselbe Mittel bewirkt werden und somit auch in den meisten Fällen eine Gleichzeitigkeit hinsichtlich des verbrecherischen Erfolges angenommen werden darf. Aber weder Gleichzeitigkeit des verbrecherischen Erfolges, noch auch die Zahl der angewandten Mittel können als kriminalistisch wesentliche Merkmale bezeichnet werden. Der zweite Fall dagegen hat die Eigenthümlichkeit, daß von den mehreren unbestraften Verbrechen eins zu dem Zwecke unternommen ist, um das andere zu ermöglichen oder zu verdecken. Der Zweck aber um dessentwillen ein Verbrechen unternommen wird, ist anerkanntermaßen ein kriminalistisch indifferentes Moment (Osenbrüggen Abh. I. S. 17. Hälschner System I. § 100).

Dagegen haben aber alle vier Fälle alle diejenigen Merkmale aufzuweisen, welche als wesentliche Merkmale der wahren Verbrechenskonkurrenz zu nennen waren, und welche oben § 6 zusammengestellt sind.

Aus diesen Gründen stellte ich schon in meiner früheren Arbeit die hier lediglich zu wiederholende Behauptung auf, es sei durch nichts gerechtfertigt, den Unterschied der idealen und realen Konkurrenz auf die Fälle der wahren Verbrechenskonkurrenz auszudehnen, es sei dieser Unterschied vielmehr zu verwerfen. Daß ich wie früher so auch jetzt diejenigen Fälle besonders bezeichnete, welche trotz ihrer

Zugehörigkeit zu den Fällen der wahren Konkurrenz fälschlich als ideale Konkurrenz bezeichnet werden, daraus wird man den Vorwurf, als sei ich trotz meiner Verwerfung der beregten Unterscheidung dennoch wieder zu derselben zurückgekehrt, gewiß nicht begründen können. Hälschner thut dies S. 501, aber er übersieht, daß meine Sonderung der einzelnen Fälle der wahren Verbrechenskonkurrenz keinen anderen Zweck hatte, als den, zu zeigen, daß diese Unterscheidung eine vollkommen unbegründete sei, wie ich denn auch alle weiteren Resultate meiner Arbeit auf diese Unbegründetheit der Unterscheidung stützte.

Ich habe also hier lediglich den schon früher ausgesprochenen Satz, im Gebiete der wahren Verbrechenskonkurrenz giebt es keinen begrifflichen Unterschied, die Unterscheidung zwischen realer und idealer Konkurrenz muß hier fortfallen — kann sich nur beziehen auf die Unterscheidung zwischen Verbrechens- und Gesetzeskonkurrenz — diesen Satz habe ich hier lediglich zu wiederholen. Diese Wiederholung meiner früheren Ansicht kann ich jetzt durch Hälschner unterstützen. Dieser sagt S. 499: „Kann von einer Konkurrenz von Verbrechen nur die Rede sein, wenn wirklich mehrere Verbrechen vorliegen, welche gleichzeitig gestraft werden" — die Fehlerhaftigkeit hinsichtlich der gleichzeitigen Bestrafung ist oben bereits nachgewiesen — „und ist das Verbrechen wesentlich Handlung, dann erfordert die Konkurrenz der Verbrechen auch eine Mehrheit von Handlungen, und hieraus ergiebt sich 1) daß der Unterschied der s. g. realen und idealen Konkurrenz darum zu verwerfen ist, weil er voraussetzt, daß sich aus Einer Handlung mehrere konkurrirende Verbrechen ergeben können." Die Ausdrucksweise ist hier freilich etwas ungenau, hätte man nur diese eine Stelle, so würde man nicht recht wissen können, ob Hälschner die Unterscheidung selbst verwirft oder nur die Art und Weise, wie diese Unterscheidung begründet worden ist, während sie bei einer anderen Begründung richtig sein würde. Andere Stellen können uns freilich keinen Zweifel lassen, daß Hälschner die Unterscheidung selbst verwerfen will.

S. 502. „Es ergiebt sich 2) daß die Konkurrenz in einem jeden Falle eine reale in dem Sinne ist, daß stets mehrere selbständige verbrecherische Handlungen vorliegen, und daß bei wirklicher

Einheit der Handlung von einer Konkurrenz nie die Rede sein kann." Es ist nicht gut, daß Hälschner hier plötzlich von mehreren selbständigen Handlungen und von wirklicher Einheit der Handlung spricht. Man kommt dadurch zu leicht auf den Gedanken, Hälschner könne sich auch mehrere unselbständige Handlungen und eine unwirkliche Einheit der Handlung denken. Weiter unten werde ich noch zu zeigen haben, wie diese Ungenauigkeit des Ausdrucks Hälschner zu schlimmen Fehlern geführt hat.

S. 509. „Was die Fälle betrifft, welche unter die s. g. ideale Konkurrenz subsumirt werden, so ist im Allgemeinen bereits angegeben, daß ihr Unterschied von der s. g. realen Konkurrenz ein durchaus unhaltbarer ist."

S. 510. „So wichtig es für die Beurtheilung des einzelnen Falles sein mag, sich darüber klar zu werden, daß die gleichzeitige Thätigkeit nicht immer eine Mehrheit konkurrirender verbrecherischer Handlungen ausschließt, so bleibt doch in jedem Falle jene Unterscheidung (sc. in reale und ideale Konkurrenz) rechtlich und für das Wesen der Sache völlig bedeutungslos.

Es ist meiner Ansicht nach kaum möglich, sich bestimmter über das Fehlerhafte der Unterscheidung der beiden Begriffe ideelle und reelle Konkurrenz auszusprechen, als in den angeführten Stellen durch Hälschner geschehen ist. Daraus folgt denn auch ganz von selbst, daß für alle Fälle der wahren Verbrechenskonkurrenz auch nur ein Prinzip der Bestrafung aufgestellt werden könne. Diese Behauptung versteht sich eigentlich so ganz von selbst, daß ich zum Beweise derselben mich lediglich auf Folgendes beschränken kann. Der Unterschied zwischen ideeller und reeller Verbrechenskonkurrenz ist deswegen bedeutungslos, weil diejenigen Fälle der wahren Verbrechenskonkurrenz, die man zu der ideellen Konkurrenz zu rechnen pflegt (§ 9. erster und zweiter Fall) sich durch kein kriminalistisch wesentliches Moment von denen unterscheiden, welche man zur reellen zu stellen gewohnt ist (§ 9. dritter und vierter Fall). Wenn nun erstere nach einem anderen Prinzipe zu strafen sind als letztere, so muß sich doch natürlich der Grund für die Verschiedenartigkeit des Strafprinzipes in der Verschiedenartigkeit der zu verschiedenen Strafen führenden Begriffe finden, d. h. es müßten die als wesentlich gleich vorausgesetzten Begriffe wesentlich verschieden sein. — Da sich nun Hälschner darüber mit mir in Uebereinstimmung befindet, daß der Unterschied zwischen ideeller und reeller Verbrechenskonkurrenz „in jedem Falle rechtlich und für das Wesen der Sache völlig bedeutungslos bleibe“ so muß derselbe sich auch mit logischer Nothwendigkeit darin mit mir in Uebereinstimmung befinden, daß es für alle Fälle der wahren Verbrechenskonkurrenz nur ein und dasselbe Prinzip der Bestrafung geben könne.

Statt dessen äußert sich Hälschner über die Bestrafung der Verbrechenskonkurrenz in folgender Weise: § 149 S. 514: „Ist es das Wesen des Verbrechens Bruch der Gerechtigkeit, des Rechtes an sich zu sein, so daß das konkrete Recht oder Rechtsverhältniß das verletzt wurde, nur das Mittel ist, um an ihm die, der Ordnung und Herrschaft des Rechtes widerstrebende, Willkür zur Erscheinung zu bringen, so bezieht sich auch die Strafe wesentlich darauf, die Gerechtigkeit und unverbrüchliche Herrschaft des Rechts an dem verbrecherischen Willen zu bewähren, gleichviel ob damit zugleich das konkrete verletzte Recht wiederhergestellt werden kann oder nicht. Bestimmte sich das Maß der zu diesem Zwecke erforderlichen Strafe nothwendig nach dem Maße des Widerstrebens gegen die Gerechtigkeit, und ist für die Bestimmung desselben das verletzte Recht, in Rücksicht auf seine Qualität und die Quantität in der es verletzt wurde, das nächste und wichtigste Mittel, so doch nicht das ausschließliche. Darum kann bei der qualitativ und quantitativ gleichen Rechtsverletzung dennoch die Gerechtigkeit in dem einen Falle deshalb nicht in gleichem, sondern in einem höheren Maße als im andern gebrochen erscheinen, weil das Verbrechen eine länger andauernde, zeitlich unterbrochene Thätigkeit, und in Folge dessen auch eine mehrfach erneuerte Entschließung zu einer der Ordnung des Rechtes widerstrebenden Handlungsweise erforderte. Umgekehrt“ — — Ich muß an dieser Stelle das Referat der Hälschner'schen Worte mit der Bemerkung unterbrechen, daß dasjenige, was jetzt folgen wird durchaus nicht die Umkehrung des Vorhergehenden ist. Soll nämlich der jetzt folgende Satz — ich werde die Hälschner'sche Ausdrucksweise desselben nicht zurückhalten — : mehrere Verbrechen können einen Rechtsbruch bilden, durch Umkehrung aus dem Vorhergehenden sich ergeben, so hätte in dem Vorhergehenden behauptet werden müssen, daß ein Verbrechen mehrere Rechtsbrüche bewirken könne. Diese Behauptung ist aber in dem Vorhergehenden gar nicht ausgesprochen, sondern es ist nur gesagt, ein Verbrechen könne bei übrigens gleicher Quantität und Qualität des verletzten Rechtes bald einen größeren bald einen geringeren Bruch der Gerechtigkeit enthalten, oder, was dasselbe sagen will, über die Größe der Strafbarkeit einer Handlung entscheide nicht allein Art und Größe des angegriffenen Rechtes, sondern noch andere Momente, welche die Schuld des Thäters bald größer bald geringer erscheinen lassen. Dieser Satz hatte indessen an dieser Stelle für Hälschner nur ein sekundäres Interesse. Das, worauf es ihm hier ankommt, wovon er seine Leser an dieser Stelle zu überzeugen wünscht, das folgt jetzt erst. Dasjenige, was bis jetzt gesagt ist, wird entweder unbedingt zugegeben werden, oder es wird sich der Leser wenigstens leicht dasjenige dabei denken können, was er unbedingt zugeben kann. Wäre nun das Folgende nichts weiter als eine Umkehrung des Früheren, so ist bei der vorhandenen Zustimmung zu diesem auch eine gewisse Wahrscheinlichkeit für die Richtigkeit jenes gewonnen. Dieses „Umgekehrt" läßt den Leser zu leicht vermuthen, es werde wohl der als richtig bereits erkannte Satz auch in seiner Umkehrung richtig sein, und deshalb hielt ich es für meine Pflicht darauf aufmerksam zu machen, daß obwohl Hälschner „Umgekehrt" sagt, doch nichts umgekehrt wird, daß überhaupt aus der ganzen oder theilweisen Richtigkeit des Vorhergehenden für die Richtigkeit des jetzt Folgenden gar nichts zu schließen ist. Doch ich wende mich wieder zu der Mittheilung der Hälschner'schen Worte. „Umgekehrt aber" so heißt es weiter „kann auch aus einer Mehrheit verbrecherischer Handlungen nicht immer auf einen gleich vielfachen Bruch der Gerechtigkeit geschlossen werden. Vielmehr wird es wesentlich darauf ankommen, daß im konkreten Falle festgestellt werde, ob die mehreren verbrecherischen Handlungen für den Schuldigen die Bedeutung mehrerer durchaus selbständiger Rechtsbrüche hatten, oder ob er sie als die mehreren Mittel betrachtete, welche erforderlich seien, um einen in sich einheitlichen und zusammenhängenden Akt der Auflehnung gegen die Herrschaft des Rechts zu vollbringen, so daß dann die mehreren Handlungen und Rechtsverletzungen nur in quantitativer Beziehung den Einen Rechtsbruch näher bestimmen, während nicht einer jeden einzelnen für sich allein die selbständige Qualität eines Rechtsbruches zukommt. Liegt aber die Veranlassung zum Rechtsbruche nur darin, daß der Handelnde in irgend welcher Beziehung seinen Zwecken nicht durch eine in der Ordnung des Rechts sich bewegenden Handlungsweise glaubt genügen zu können, so ist es auch der Zweck des Verbrechens, dessen Einheit über die des Rechtsbruches entscheidet. Hieraus folgt aber für das Maß der Schuld und Strafe im Falle der Verbrechenskonkurrenz 1) daß die für die mehreren Verbrechen durch das Gesetz verhängten Strafen zu kumuliren sind, falls jedes dieser konkurrirenden Verbrechen, durch den Zweck des Verbrechens mit den anderen nicht verbunden, die Bedeutung eines selbständigen Rechtsbruches hat, dem entspricht die Bestimmung des Preußischen Strafrechtes, daß gegen denjenigen, welcher durch verschiedene selbständige Handlungen mehrere Verbrechen oder Vergehen begangen hat, auf sämmtliche dadurch begründete Strafen vereinigt zu erkennen ist." Es folgt darauf ein Referat über § 56 al. 2 und über § 57 und dann heißt es weiter: „Stehen dagegen 2) die mehreren konkurrirenden Verbrechen zu einander in dem Verhältniß, daß dem Verbrecher das eine als Mittel für die Begehung des andern, oder allesammt als Mittel für ein und denselben Zweck dienten, so kann eine Kumulation der für die einzelnen Verbrechen vom Gesetz verhängten Strafen darum nicht stattfinden, weil der Gesetzgeber bei ihrer Feststellung von der Voraussetzung ausgegangen ist, daß jedes dieser Verbrechen zugleich einen selbständigen Rechtsbruch enthalte, während hier die mehreren Verbrechen nur Mittel zur Begehung Eines Rechtsbruches sind. Auf diesen Fall ist, trotz der nicht vollkommen entsprechenden Fassung, die Bestimmung des Preußischen Strafrechtes zu beziehen, nach welcher" — rc. — folgt die Bestimmung des Str.-G.-B. § 55. —

Die Neuheit und Originalität dieser Ideen muß ich jedenfalls zugestehen. Aber ich muß auch gleich hinzufügen, daß dieselben mit der oben ausgesprochenen Ansicht über die Grundlosigkeit der Unterscheidung zwischen realer und idealer Konkurrenz in einem solchen Widerspruche stehen, daß entweder dieses oder jenes total falsch sein muß. Diese Widersprüche treten aufs grellste hervor, wenn wir auch auf die zur Erläuterung des Hälschner'schen § 149 gegebenen Anmerkungen mit Rücksicht nehmen. Man vergleiche folgende Stellen:

S. 409. „Kann von einer Konkurrenz von Verbrechen nur dann die Rede sein, wenn wirklich mehrere Verbrechen vorliegen und ist das Verbrechen wesentlich Handlung, dann erfordert die Konkurrenz der Verbrechen auch eine Mehrheit von Handlungen und hieraus ergiebt sich 1) daß der Unterschied der s. g. realen und idealen Konkurrenz darum zu verwerfen ist, weil er voraussetzt, daß sich aus Einer Handlung mehrere konkurrirende Verbrechen ergeben können."

S. 520. „Es ist oben nachgewiesen, dass diese Unterscheidung" (nämlich in reale und ideale Konkurrenz) „insofern" (diese Beschränkung ist, beiläufig gesagt, oben nicht gemacht, wie eine Vergleichung mit der sofort anzuführenden Stelle der S. 509 ergiebt) „eine durchaus verwerfliche ist, als in allen Fällen der Concurrenz die Mehrheit der Verbrechen eine Mehrheit der verbrecherischen Handlungen voraussetzt. Richtig aber ist es, dass in den Fällen, welche man gewöhnlich als die der realen" (ist jedenfalls ein Druckfehler, muß heißen: idealen) „Concurrenz betrachtete, obwohl nicht bei diesen Fällen allein, eine innere Verbindung der concurrirenden Verbrechen stattfindet, welche auf die Bestrafung von Einfluss sein muss."

S. 509. „Was die Fälle anbetrifft, welche unter die s. g. ideale Konkurrenz subsumirt werden, so ist im Allgemeinen bereits angegeben, daß ihr Unterschied von der realen Konkurrenz durchaus (also kein Wort von irgend welcher Beschränkung) unhaltbar ist."

S. 510. „So wichtig es für die Beurtheilung des einzelnen Falles sein mag, sich darüber klar zu werden, daß die gleichzeitige Thätigkeit nicht immer eine Mehrheit konkurrirender verbrecherischer Handlungen ausschließt, so bleibt doch in jedem Falle jene Unterscheidung rechtlich und für das Wesen der Sache" (das heißt denn doch auch mit Nothwendigkeit für die Anwendung der Strafe) „völlig bedeutungslos."

S. 523. „Im Falle einer wirklichen Concurrenz kommt es darauf an, ob die concurrirenden Verbrechen als Mittel für ein und denselben Bruch des Rechtsfriedens erscheinen oder nicht. Das unterscheidende Criterium dafür ist demnach die Einheit oder die Mehrheit und Verschiedenheit des Zweckes. (!!)"

Hier glaube ich unlösbare Widersprüche zu finden und halte dafür, daß eine Idee, die ihren eigenen Erfinder in so arge Verlegenheiten versetzt, schon um ihrer Undankbarkeit willen keinen Anspruch auf Erhaltung habe. Wenn aber auch die bisher schon erwähnten, später noch zu ergänzenden Widersprüche durch irgend welche Mittel zu beseitigen sein sollten, so ist doch ganz an und für sich betrachtet diese Hälschner'sche Bestrafungstheorie nichts als Fehler. — Und zwar aus folgenden Gründen:

1. Die historische Grundlage, auf welche sich Hälschner zu stützen sucht, versagt den Dienst. Zugegeben, daß nach der deutschrechtlichen Auffassung des Verbrechens in ein und demselben Verbrechen gesondert werden müsse die Verletzung des besonderen Rechts und die Verletzung des allgemeinen Rechts, des Friedens, so folgt hieraus für die Richtigkeit der Hälschner'schen Ansicht über die Bestrafung der Verbrechenskonkurrenz noch gar nichts. Wollte sich Hälschner auf das ältere deutsche Recht stützen, so mußte er behaupten, nicht nur daß diese Unterscheidung bestanden habe, sondern daß sie in der Ausdehnung bestanden habe, um trotz der Verletzung zweier besonderen Rechte, doch nur von einer Verletzung des allgemeinen Rechts, des Friedens, wenigstens unter gewissen Umständen sprechen zu können. Diese Behauptung hat Hälschner aber gar nicht einmal gemacht, noch weniger irgend ein seine Ansicht beweisendes Beispiel aus dem älteren deutschen Rechte angeführt. Gegen Hälschner's Ansicht lassen sich aber sehr zahlreiche Beispiele aus dem älteren deutschen Rechte anführen: ich verweise auf mein „Strafrecht in Norddeutschland zur Zeit der Rechtsbücher," woselbst ich S. 273 ff., 282 ff. mancherlei Beispiele beigebracht habe, für welche Hälschner das Vorhandensein nur eines Rechtsbruches behaupten würde, und also seiner Theorie gemäß die Absorption der Strafen der mehreren Verbrechen behaupten müßte.

Statt dessen wird in allen den Fällen, welche trotz des Vorhandenseins mehrerer Verbrechen heute zur idealen Konkurrenz gerechnet werden, in dem älteren deutschen Rechte die Strafe nicht absorbirt sondern kumulirt. Das ältere deutsche Recht beweist also für Hälschner gar nichts, gegen ihn sehr viel. —

2. Ganz abgesehen von einer etwaigen historischen Begründung, ist es an und für sich fehlerhaft dem Ausdrucke Verbrechen, verbrecherische Handlung, als einen gegensätzlichen Begriff die Worte Friedensbruch, Rechtsbruch, oder wie sonst die Ausdrücke heißen mögen, gegenüberzustellen. Man wird nichts dagegen erinnern können, die Eigenschaft eines Verbrechens kraft deren es das Recht im Allgemeinen verletzt, besonders zu bezeichnen, und mit Bezug auf diese Eigenschaft das Verbrechen Friedbruch zu nennen. Wenn aber dieser Ausdruck, oder ein ähnlicher, gleichbedeutender gebraucht wird, so soll damit nur eine Eigenschaft des Verbrechens hervorgehoben, keineswegs aber ein von dem Verbrechen verschiedenartiger selbständiger Begriff bezeichnet werden; d. h. also, gebrauche ich das Wort Verbrechen, so thue ich es, weil ich keinen Grund habe, irgend eine specielle Eigenschaft des Verbrechens hervorzuheben; sage ich dagegen Friedbruch, so thue ich es, weil es mir darauf ankommt, die Eigenschaft des Verbrechens, vermöge deren es das Recht im Allgemeinen verletzt, besonders hervorzuheben. Und an dieser Anschauung kann m. E. durch das von Hälschner Beigebrachte nichts geändert werden. Hälschner sagt nämlich S. 520: „Beide Momente, die Verletzung des besonderen Rechts und der Bruch des Rechtsfriedens stehen freilich in einer innern nothwendigen Beziehung zu einander, indem einerseits von einer kriminellen Rechtsverletzung nur die Rede sein kann, wofern sie zugleich einen Bruch des Rechtsfriedens enthält, und indem andrerseits Qualität und Quantität des besondern verletzten Rechts einen Maßstab bildet für die Größe des Friedensbruches. Gleichwohl sind auch beide Momente relativ von einander unabhängig. Es zeigt sich dies 1) darin, daß bei einer qualitativ und quantitativ völlig gleichen Rechtsverletzung (?) dennoch in dem einen Falle der Bruch des Rechtsfriedens viel größer erscheinen kann als in dem andern." (Der

Ausdruck ist inkorrekt. Hälschner meint offenbar Folgendes: Es zeigt sich dies 1) darin, daß bei der Verletzung zweier qualitativ und quantitativ völlig gleicher Rechte, die Rechtsverletzung in dem einen Falle ein sehr viel größerer Friedensbruch sein kann als in dem anderen). „In dieser Beziehung war es ganz folgerecht, wenn das ältere einheimische Strafrecht, unter der Voraussetzung eines besondern beschwornen Friedens, eine Rechtsverletzung als Friedensbruch bestrafte, die ohne diese Voraussetzung gar nicht als solche erschienen wäre. Es ist ebenso folgerecht, wenn die neuere Gesetzgebung auf das Moment einer aus den Umständen sich ergebenden besonderen Gefährdung des Rechtsfriedens Gewicht legt. Insbesondere wird darum auch, soweit das Gesetz dies zuläßt, bei der Strafzumessung darauf Rücksicht zu nehmen sein, ob sich aus der eigenthümlichen Begehungsweise eines Verbrechens ein besonders hohes Maß des Rechts- oder Friedensbruches ergiebt." Fragen wir also, worin die relative Unabhängigkeit der beiden Begriffe verbrecherische Rechtsverletzung oder wie es hier heißt, Verletzung des besondern Rechts, und Friedbruch besteht? Die Antwort hierauf ist: Nicht die Qualität und Quantität des verletzten Rechtes allein bestimmt die Größe des Friedbruches, sondern außerdem auch noch die Gefährlichkeit der Handlung, die Unverbesserlichkeit des Thäters, die Reue nach der That, der Affekt, die Prämeditation rc. rc. Das heißt denn doch nichts anderes, als daß für die Größe des Friedbruches nicht blos Quantität und Qualität des verletzten Rechts entscheidet, sondern überhaupt die Größe der Schuld. Je größer die Schuld des Thäters, um so größer der Friedensbruch, je größer die Schuld, um so größer das Verbrechen, oder die Größe des Verbrechens ist von der Größe des Friedensbruches nun und nimmermehr verschieden. Um dasjenige auszudrücken, was Hälschner wirklich gesagt hat, genügten die einfachen Worte: Die Größe des Verbrechens wird nicht allein durch Quantität und Qualität des verletzten Rechtes bestimmt, sondern durch die Größe der Schuld; um die Größe der Schuld zu bestimmen, dafür bietet das verletzte Recht nur einen gewissen durchschnittlichen Maßstab, welcher bald überschritten, bald noch nicht einmal erreicht werden kann. Dieser Gedanke ist für die Gesetzgebung gut zu verwerthen, indem bei relativ bestimmten Strafgesetzen mit Bezug auf das verletzte Recht das arithmetische Mittel der Strafe bestimmt werden kann, von welchem aus dann nach beiden Seiten hin zur Berücksichtigung sonstiger Schuldmomente die Strafgrenzen bald weiter, bald enger gezogen werden mögen; es ist dieser Gedanke auch wichtig für die Strafzumessung, bei welcher so ziemlich dieselben Gesichtspunkte, wie die eben erwähnten, festgehalten werden können; — was aber aus diesem Satze für die Behauptung folgen soll, daß mehrere Verbrechen auch zu einem Rechtsbruche verbunden werden können, daß, wenn dieses der Fall, das Absorptionsprinzip eintreten müsse, das bin ich zu erkennen nicht im Stande. — Uebrigens mag doch noch beiläufig erwähnt werden, daß die Bezugnahme auf das ältere deutsche Strafrecht auch an dieser Stelle nicht ganz paßt. Wenn zwei im Uebrigen quantitativ und qualitativ gleiche Rechte verletzt werden, eins derselben jedoch unter dem Schutze eines besonderen (ob beschworen oder nicht, ist ganz gleichgültig) Friedens steht, das andere nicht, so ist es doch unmöglich zu behaupten, daß diese beiden Rechte quantitativ und qualitativ völlig gleich seien. Der qualitative Unterschied zwischen beiden besteht ja doch eben darin, daß das eine Recht ein besonders befriedetes, das andere dagegen kein besonders befriedetes ist. Es ist demnach nicht gut einzusehen, wie man gerade dieses Beispiel wählen konnte, um die Behauptung zu rechtfertigen, bei quantitativ und qualitativ völlig gleichen Rechten könne man von verschieden großen Friedensbrüchen sprechen. —

Weiter sagt Hälschner über diesen Punkt S. 522: „Wie aber bei zwei in sich einheitlichen, und rücksichtlich der Rechtsverletzung sich völlig gleichstehenden Handlungen, dennoch ein verschiedenes Maß des Rechtsbruches obwalten kann, so kann auch 2) eine Differenz zwischen Verletzung des besonderen Rechtes und Bruch des Rechtsfriedens in der Weise stattfinden, daß eine Mehrheit rechtsverletzender Handlungen zu einem Rechtsbruche zusammen geschlossen erscheinen. Das Verbrechen erfordert in allen Fällen eine Auflehnung der subjektiven Willkür gegen die Ordnung und Herrschaft des Rechtes, welche darin ihren Grund hat, daß der Verbrecher durch die Art und Weise, wie er sein individuelles Wohl und dessen Verwirklichung auffaßt, Zwecke für geboten erachtet, die er unter der Herrschaft des Rechts und durch eine diesem entsprechende Handlungsweise nicht zu erreichen vermag." Wegen seines individuellen Wohles werde der Verbrecher meistens nur um eines mehr oder weniger beschränkten Zweckes willen die Rechtsordnung in irgend einer beschränkten Beziehung durchbrechen, während er „so wie der Zweck erreicht ist, und in jeder andern Beziehung das Recht und dessen Herrschaft für sich selbst und für sein Wohl in Anspruch nimmt." Nur aus den besonderen Umständen könne es sich ergeben, ob eine oder mehrere verbrecherische Handlungen für den gesetzten Zweck erforderlich sind. „Jedenfalls aber stehen die mehreren als Mittel auf denselben Zweck bezogenen Handlungen in einer inneren Verbindung, und insbesondere stehen in solchem Falle die mehreren verbrecherischen Handlungen in der Verbindung, daß sie Mittel sind für ein und denselben Rechtsbruch, für welchen die Mehrheit der verbrecherischen Handlungen nur die Bedeutung hat, daß sie das Maß des Rechtsbruches näher bestimmt." Der Unterschied also zwischen idealer und realer Konkurrenz — für den Fall, daß mehrere Verbrechen begangen sind — richtet sich nach der Einheit oder Mehrheit des Zweckes. Will der Thäter durch mehrere Verbrechen nur einen Zweck erreichen, so soll ideale Konkurrenz vorliegen, das Absorptionsprinzip des § 55 angewendet werden, wenn mehr als ein Zweck existirt, die reale Konkurrenz mit dem Kumulationsprinzip des § 56; diese Verschiedenartigkeit der Bestrafung also nicht mit Bezug auf die vorhandene Anzahl der Verbrechen, sondern mit Bezug auf die Anzahl der zu erreichenden Zwecke bestimmt werden. — Man wird gerne zugeben, daß, wenn mehrere Verbrechen zur Erreichung eines Zweckes begangen werden, die Gemeinschaftlichkeit des Zweckes diese einzelnen Verbrechen mit einander in eine gewisse Verbindung setzt. Folgt aber daraus, daß diese Verbindung eine kriminalistisch erhebliche, wesentliche sei? Gewiß nicht; denn wie die Strafe eines Verbrechens nicht durch den Zweck des Thäters bestimmt wird, sondern durch die Absicht zur Erreichung irgend eines — guten oder schlimmen, ganzen oder halben — Zweckes ein Recht verletzen zu wollen, so kann auch die Bestrafung mehrerer Verbrechen unmöglich von der Selbständigkeit oder Unselbständigkeit der Zwecke abhängig gemacht werden. Es heißt aber doch nichts anders, als den Zweck zum entscheidenden Kriterium der Strafbarkeit eines Verbrechens machen, und damit gegen die ersten Fundamentalsätze des Strafrechts verstoßen, wenn man die Strafe eines Verbrechens absorbiren, dasselbe also für straflos erklären will, weil es mit einem anderen einen gemeinschaftlichen Zweck zu erreichen sucht. —

3. Der Satz: „Wenn mehrere Verbrechen durch die Gemeinschaftlichkeit des Zweckes zu einem Rechtsbruche vereinigt sind, so muß das Absorptionsprinzip, für das Preußische Recht Str.-G.-B. § 55 Anwendung finden" — widerspricht dem positiven Recht und namentlich auch dem Preußischen Strafrecht. — Zwar sagt Hälschner, bei der Bestimmung der Strafen für die einzelnen Verbrechen sei der „Gesetzgeber von der Voraussetzung ausgegangen, daß jedes dieser Verbrechen zugleich einen selbständigen Rechtsbruch enthalte." Welcher Gesetzgeber? Welches Gesetz? Hälschner mag die Gesetzgeber aller Länder und Zeiten Musterung passiren lassen, von keinem einzigen wird er den Gedanken vernehmen: „Die von mir für die Verbrechen bestimmten Strafen gelten nur dann, wenn das Verbrechen zugleich ein selbständiger Rechtsbruch ist." Und wie konnte man darauf kommen, diesen Gedanken, wenn auch „in nicht vollkommen entsprechender Fassung" im Preußischen Strafgesetzbuche wiederzufinden? Dazu ist Hälschner durch die mehreren selbständigen Handlungen des § 56 verleitet worden. S. 527 heißt es nämlich: Eine Kumulation der mehreren Strafen soll stattfinden, wenn durch verschiedene selbständige Handlungen mehrere Verbrechen oder Vergehen begangen worden sind. Ohne Zweifel hat das Strafgesetzbuch damit die s. g. reale Konkurrenz im Sinne der bisherigen Doktrin bezeichnen wollen, aber es ist dabei bemerkenswerth, daß es sich nicht begnügte nur von verschiedenen Handlungen zu sprechen, sondern es für nöthig erachtete sie auch noch als selbständige zu bezeichnen. Das wird man aber streng genommen allerdings nur thun können, wenn jede dieser Handlungen als ein selbständiger Rechtsbruch erscheint, in welchem Falle die Kumulation der Strafe allerdings ganz gerechtfertigt erscheint." Man bemerke: von selbständigen Handlungen darf man „strenge genommen" nur sprechen

wenn eine Handlung als ein selbständiger Rechtsbruch erscheint. Aber zunächst muß in einer Untersuchung über die Verbrechenskonkurrenz nicht nur, sondern in jeder wissenschaftlichen Untersuchung Alles strenge genommen werden — und sodann finden wir hier plötzlich den Ausdruck „selbständiger Rechtsbruch." Soll dieser sich etwa von dem Rechtsbruche schlechthin in ähnlicher Weise unterscheiden, wie wir hier plötzlich erfahren, daß die selbständige Handlung sich von der nicht selbständigen Handlung unterscheidet? So viel über den Ausdruck. Und nun zu der Begriffsverwirrung, welche diese Ausdrucksweise veranlaßt hat! Es giebt selbständige Handlungen und nicht selbständige Handlungen. Erstere entsprechen dem Begriffe Rechtsbruch, letztere dem Begriffe Verbrechen. Früher haben wir zur Begriffsbestimmung des fortgesetzten Verbrechens den Satz gefunden: so viele Handlungen, so viele Verbrechen; es ist ein Unsinn von einer Handlung und mehreren Verbrechen, oder von mehreren Verbrechen und einer Handlung reden zu wollen. Doch aber können mehrere Verbrechen durch die Gemeinschaftlichkeit des Zweckes zu einem Rechtsbruche, also zu einer selbständigen Handlung vereinigt werden. Also unsinnig ist der Satz: „Eine Handlung enthält mehrere Verbrechen" nur dann wenn die Handlung eine nicht selbständige ist, ist sie dagegen eine selbständige, so hat der Satz: „Eine Handlung enthält mehrere Verbrechen" tiefen Sinn und volle Berechtigung. — Doch aber braucht Str.-G.-B. § 56 den Ausdruck „mehrere selbständige Handlungen." Daß dieser Ausdruck aber ein ganz zufälliger, indifferenter, unwesentlicher ist, ergiebt die Vergleichung mit Str.-G.-B. § 338. Ich muß hier auf dasjenige zurückverweisen, was ich bereits oben § 9 in dieser Hinsicht gesagt habe. Hälschner führt § 338 nirgends an. Die Berücksichtigung dieses § würde ihn vor den eben mitgetheilten Verirrungen möglicherweise geschützt haben. Eine richtige, rationelle Interpretation der §§ 55, 337, 56, 338 wird niemals Veranlassung geben, auf einen Fall der wahren Verbrechenskonkurrenz § 55 oder § 337 in Anwendung zu bringen. —

4. Die Hälschner'sche Theorie erklärt nicht einmal die bestehende Preußische Praxis. Wie schon erwähnt sind es folgende beiden Fälle wahrer Konkurrenz, auf welche die preuß. Praxis

nicht § 56, sondern § 55 anwendet: 1) wenn mehrere Verbrechen durch ein und dasselbe Mittel begangen werden, und 2) wenn von den mehreren Verbrechen das eine als Mittel zur Hervorbringung oder Verdeckung des andern dient. Statt dessen behauptet Hälschner: auf die Fälle wahrer Verbrechenskonkurrenz findet § 55 Anwendung: 1) wenn von den mehreren Verbrechen das eine zu dem Zwecke unternommen wurde, um das andere hervorzubringen, oder wenn 2) alle begangenen Verbrechen zur Realisirung ein und desselben Zweckes dienen. Daraus ergiebt sich, daß nur der erste Hälschner'sche Fall mit dem oben aufgestellten zweiten der preußischen Praxis angehörenden übereinstimmt, daß Hälschner es unerklärt, aber ebenso auch unwiderlegt läßt, weshalb der oben unter 1) aufgeführte Fall in der preußischen Praxis nach § 55 behandelt wird, während er andererseits es der Praxis zumuthet, alle diejenigen Fälle nach § 55 zu behandeln, in denen zur Erreichung eines Zweckes mehrere Verbrechen begangen werden, woran die preußische Praxis niemals gedacht hat. — Daß ich die vorhandene preußische Praxis nicht billige, habe ich durch meine Interpretation der §§ 55 und 56, sowie durch den darauf gestützten Satz — für alle Fälle der wahren Verbrechenskonkurrenz kann es nur ein Prinzip der Bestrafung geben — ausgesprochen. Eine im Folgenden beizubringende Kasuistik wird noch die nicht unerhebliche Prinziplosigkeit der Praxis darthun können. Aber, wenn nur die Wahl sein sollte, zwischen der bestehenden Praxis, und einer nach Hälschner's Ansicht etwa reformirten; ich würde mich ohne alles Bedenken für die bestehende Praxis entscheiden. Denn

5. Die Hälschner'sche Theorie würde die Praxis zu den ärgsten Absurditäten verleiten. Nehmen wir folgendes Beispiel an: Jemand braucht zu irgend einem gewerblichen Unternehmen die Summe von 1000 Rthlr. Diese zu erlangen muß er die „Rechtsordnung durchbrechen," d. h. es müssen die 1000 Rthlr. gestohlen werden. Die „besondern Umstände ergeben" daß durch einen Diebstahl dieser Zweck nicht erreicht werden kann, sondern daß mindestens 10 Diebstähle erforderlich sind, die denn auch der Thäter zu verschiedenen Zeiten gegen verschiedene Personen ausübt; dem A. beabsichtigt er 50 Rthlr. zu stehlen, bei passender Gelegenheit werden

dem B. 100 Rthlr. gestohlen, C. verliert durch den an ihm begangenen Diebstahl einen werthvollen Schmuck im Werthe von 300 Rthlr. ꝛc. bis die Summe von 1000 Rthlr. zusammengestohlen ist. Jetzt hat der Thäter seinen Zweck erreicht, er ist damit „in seinem Bewußtsein und Willen in das Gleichgewicht mit der ihn umgebenden Rechtsordnung zurückgekehrt,“ er hat nur einen Rechtsbruch begangen; und obwohl der Dieb anfänglich noch gar nicht wußte, wann, wo, wie oft, wie viel er im einzelnen Falle stehlen würde, dennoch müssen alle diese Diebstähle nach § 55 behandelt werden, denn sie dienten alle nur zur Realisirung eines und desselben Zweckes, und wurden durch diesen gemeinschaftlichen Zweck zu einem Rechtsbruche vereinigt. Oder: Es wird Jemand in einer öffentlichen Versammlung beschimpft und faßt den Entschluß, sich an den Theilnehmern der Versammlung aufs Empfindlichste zu rächen. Um diesen Zweck durchzuführen scheint ihm ein Durchbrechen der Rechtsordnung erforderlich. Was geschehen wird, weiß der Thäter noch gar nicht einmal, genug, er will sich rächen und alle Uebelthaten die jetzt folgen, „stehen jedenfalls in der Verbindung, daß sie Mittel sind für ein und denselben Rechtsbruch.“ Der Thäter zündet nun zu seiner Rache Kühlung zunächst dem A. B. C. Haus und Hof an; D. E. F. werden krumm und lahm geschlagen, an G. und H. wird die Rache dadurch begangen, daß deren Frauen und Töchter geschändet werden, und so geht es theils gegen diese, theils gegen andere Personen noch eine Weile fort, bis der Angeklagte dingfest gemacht wird. Derselbe erklärt nun in der Audienz, er habe alle diese Verbrechen lediglich auf die Realisirung eines und desselben Zweckes bezogen, nämlich auf die Kühlung seiner Rache, man könne daher in denselben nur einen Rechtsbruch finden, der übrigens noch gar nicht einmal komplettirt sei; denn Angeklagter sei „in seinem Bewußtsein und Willen noch gar nicht in das Gleichgewicht mit der ihn umgebenden Rechtsordnung zurückgekehrt,“ da zur vollständigen Erreichung seines Zweckes auch noch X. Y. Z. ihr Theil hätten abbekommen müssen. Der Fall gehört zur Kompetenz des Geschwornengerichts und es werden den Geschwornen zunächst die Fragen mit Bezug auf die einzelnen vom Angeklagten begangenen Verbrechen gestellt werden und für den Fall der Bejahung einiger dieser Hauptfragen erfolgt dann noch die Zusatzfrage: Hat der Angeklagte die sub 1, 2, 3 rc. genannten Handlungen zu dem Zwecke vorgenommen, um seine Rache zu kühlen? Die Geschwornen bejahen diese Frage und der Richter verurtheilt demgemäß den Angeklagten mit Berufung auf Hälschner System des Preußischen Strafrechts § 149, namentlich Anm. 2 nach den Grundsätzen des Str.-G.-B. § 55. Da das schwerste der hier einschlagenden Strafgesetze Str.-G.-B. § 285 ist, so arbitrirt der Richter, in Erwägung daß der von dem Angeklagten bezweckte Rechtsbruch nicht vollständig durchgeführt sei, die Strafe auf 10 Jahr Zuchthaus.

Diese Beispiele genügen vollkommen, um die Behauptung zu rechtfertigen, die Hälschner'sche Theorie müsse in der Praxis angewandt, zu den ärgsten Absurditäten führen. Dabei kann ich die Bemerkung nicht unterdrücken, daß diese Beispiele selbst im Vergleich mit dem von Hälschner angeführten, in keiner Weise übertrieben erscheinen. Er selbst sagt nämlich S. 523: „Es ist allerdings richtig, und die Räuberbande ist ein Beispiel dafür, daß die Auflehnung gegen die Rechtsordnung sich so weit steigern kann, daß sie der Verbrecher zu seinem Berufe und seiner Lebensbestimmung macht, daß es unternommen wird im Rechtsstaate einen neuen Staat auf der Basis des Verbrechens zu errichten, und dann werden allerdings viele zeitlich weit aus einander liegende, verschiedenartige Verbrechen als Mittel für ein und denselben dem Maße nach höchst ausgedehnten Rechtsbruch betrachtet werden müssen." Also alle Verbrechen, die von allen Mitgliedern einer Räuberbande, so lange dieselbe besteht, begangen werden, sind nur als ein Rechtsbruch zu betrachten. Durch dies Beispiel werden wir darauf geführt, daß die absorbirende Kraft des § 55 noch weiter reichen soll als die Verbrechenskonkurrenz selbst reichen kann. Denn nicht blos die verschiedenen Verbrechen eines Thäters sondern auch die verschiedener Thäter müßten absorbirt werden, da ja nicht blos alle Verbrechen eines Räubers, sondern alle Verbrechen der ganzen Räuberbande zu ein und demselben Rechtsbruche vereinigt werden sollen. —

Seine ganze Ansicht, über die Bestrafung der Verbrechenskonkurrenz stellt Hälschner S. 520 gewissermaßen nur als Consequenz einer kriminalistischen Grundanschauung hin, welche sich S. 3 vorfindet. „Ein absolutes Unrecht ist das Verbrechen darum, weil die Handlung an sich selbst, ihrem Inhalte nach dem Rechte, der Gerechtigkeit entgegengesetzt ist, so daß die besondere Form und Gestalt des Rechtes, welche das nächste Objekt des Verbrechens ist, nur das Mittel bildet, an welchem jene dem Rechte an sich widerstrebende Willensbestimmung in die Erscheinung tritt." Ich glaube den Punkt dieses Satzes bezeichnen zu können, aus welchem die fehlerhaften Consequenzen entstanden sind. Es ist dieses der Ausdruck „nächstes Objekt eines Verbrechens" im Gegensatze zu einem entfernteren. Diese Unterscheidung, die Hälschner z. B. schon auf S. 3 zu der Behauptung veranlaßt, es sei das Objekt der verbrecherischen Vermögensverletzung ein ganz anderes als das der nicht verbrecherischen, halte ich für unrichtig. — Doch für diese Arbeit kann es unmöglich meine Aufgabe sein, eine Prüfung der Hälschner'schen Prinzipien zu unternehmen. Mir kommt es nur auf die für die Lehre der Verbrechenskonkurrenz gegebenen Consequenzen an; daß dieselben, soweit sie sich auf die Bestrafung beziehen, fehlerhaft sind, glaube ich dargethan zu haben; ob aber der Fehler dadurch entstanden ist, daß aus einem richtigen Prinzipe falsch konkludirt, oder richtige Konklusionen aus einem falschen Prinzipe gezogen sind, das ist mir für meine Arbeit gleichgültig. Ich hatte das Vorhandensein der Fehler nachzuweisen, aber nicht die Entstehungsgeschichte derselben.

Ehe ich weiter gehe stelle ich kurz diejenigen Sätze zusammen, welche hinsichtlich der wahren Verbrechenskonkurrenz festgestellt wurden.

1. In allen Fällen, in denen von ein und demselben Thäter mehrere noch unbestrafte Verbrechen begangen sind, ist wahre Verbrechenskonkurrenz vorhanden.

2. Alle Fälle wahrer Verbrechenskonkurrenz stimmen in allen kriminalistisch wesentlichen Momenten überein. Daraus folgt denn:

   a. daß es unzulässig ist im Gebiete der wahren Konkurrenz die Unterscheidung der realen von der idealen Konkurrenz aufrecht zu erhalten; und

b. daß für alle Fälle der wahren Konkurrenz ein und dasselbe Prinzip der Bestrafung gelten müsse.

Es wird noch darauf ankommen dieses eine gemeinschaftlich anzuwendende Bestrafungsprinzip festzustellen. Vorher wird es indessen noch zweckmäßig sein, an einer Kasuistik zu zeigen, daß, wenn die Preußische Praxis zwei Fälle der wahren Konkurrenz unter Str.-G.-B. § 55 zog, dieselbe zur Begehung dieses Fehlers nicht die geringste Veranlassung hatte.

§ 11.

Kasuistik.

Erster Fall. Der Thäter bedient sich ein und desselben Mittels, um mehrere von ihm beabsichtigte Rechtsverletzungen auszuführen.

I. Den Fall, daß durch eine injurirende Aeußerung mehrere Personen beleidigt werden, finde ich in den Mittheilungen aus der Praxis verschiedentlich besprochen. Für das Wesen der Sache ist es gleichgültig, daß dabei die Injurie nicht als einfache Injurie sondern als Verleumdung vorkommt.

Ich stelle zwei Beispiele aus der bayrischen Praxis voran:

1) Temme II. S. 301. Franziska Huber hatte außergerichtlich ausgestreut und demnächst gerichtlich, ganz umständlich, aber unbeeidigt, ausgesagt, wie sie zugesehen, daß ein Unbekannter durch vier von ihr benannte Personen todtgeschlagen worden sei. Ihre Aussage ergab sich als erdichtet, und sie wurde wegen gerichtlicher Verleumdung durch falsche Denunciation zum Schaden dreier Personen (die vierte war inzwischen verstorben) zu achtjähriger geschärfter Arbeitshausstrafe verurtheilt. Ihre Nichtigkeitsbeschwerde wurde von dem Ob.-App.-Ger. zu München verworfen:

„Da kein Zweifel darüber obwalten kann, daß die Franziska Huber, indem sie, wenn auch in ein und derselben gerichtlichen Erzählung, drei verschiedene Personen als bei dem von ihr erdichteten Verbrechen der Tödtung eines Unbekannten betheiligt bezeichnete, jede dieser drei Personen für sich in Untersuchung und Strafe zu bringen beabsichtigte, und daher die Voraussetzung gegeben erscheint, unter welcher ein und dasselbe Verbrechen im Sinne des art. 109 Str.-G.-B. als an drei verschiedenen Personen wiederholt zu betrachten ist."

2) Temme V. S. 38. Die Angeklagte hatte zu verschiedenen Zeiten und gegen verschiedene Personen über den Landrichter S. und Stadtschreiber Sch. die wissentlich unwahre Aeußerung gemacht, daß dieselben bei dem Ankauf von Grundstücken der Gemeinde Füssen 5000 Fl. aus den hiezu bestimmten Geldern unterschlagen hätten. Sie wurde wegen des Verbrechens der außergerichtlichen Verleumdung, verübt an dem Landrichter S. in realem Zusammenflusse mit demselben Verbrechen, verübt an dem Stadtschreiber Sch. zu einer Arbeitshausstrafe von 2½ Jahren verurtheilt. Ihre Nichtigkeitsbeschwerde wurde von dem Ob.-App.-Ger. zu München (25. Oct. 1856) verworfen.

Aus den Entscheidungsgründen hebe ich Folgendes hervor: „Die den Schwerpunkt der Beschwerdeausführung bildende Behauptung, daß die fragliche Verleumdung nur in einer und derselben Handlung begangen worden sei, kann vorzüglich um deswillen keine rechtliche Beachtung finden, weil, wenn auch bei den verleumderischen Aeußerungen die beiden betroffenen Personen zugleich genannt, beziehungsweise bezeichnet wurden, dennoch eine reale Konkurrenz vorliegt, da die rechtswidrige Absicht der Beschuldigten gegen zwei Personen gerichtet war, ihr rechtswidriger Vorsatz bei der Nennung bez. Bezeichnung eines jeden der beiden Verleumdeten selbständig von neuem hervortrat, also das in Frage stehende Verbrechen jedesmal von Neuem begangen und somit an verschiedenen Personen wiederholt wurde."

Gegen diese Entscheidungen würde ich nicht im Stande sein, das Geringste einzuwenden. Die Anzahl der Handlungen, mithin die Anzahl der Verbrechen, bestimmt sich nicht nach der Zahl der Ursachen, der Mittel, die zur Herbeiführung des beabsichtigten rechtsverletzenden Erfolges benutzt sind, sondern nach der Anzahl der Absichten. Da es nicht möglich ist, die Ehrverletzungen zweier verschiedener Personen in eine Absicht zusammenzufassen, so kann auch in diesen Fällen nicht von einer Handlung, sondern nur von mehreren, nicht von einer Beleidigung, sondern nur von mehreren gesprochen werden, und die Annahme der realen Konkurrenz kann füglich keinem Zweifel unterworfen sein.

Die preußische Praxis weicht von diesen Grundsätzen ab, nimmt vielmehr wegen des für alle Beleidigungen gemeinschaftlich angewandten Mittels nur eine Beleidigung an. Als Beispiel diene die in Goltd. Archiv IV. S. 838 mitgetheilte Entscheidung:

„In Bezug auf die Bestrafung des Angeklagten wegen Ehrverletzung in dem Falle, wenn mehrere Personen, denen also ein selbständiges Klagerecht zusteht, durch eine und dieselbe Beleidigung verletzt werden, heißt es in dem Urtel des Ober-Tribunals vom 10. April 1856" (Der Fehler ist eigentlich schon in diesen Einleitungsworten begründet. Denn nicht durch eine „Beleidigung" werden mehrere Personen beleidigt, sondern durch ein und dieselbe kränkende Aeußerung):

in Erwägung, daß die durch eine und dieselbe Aeußerung verübte Verleumdung zweier Personen allerdings nur eine strafbare Handlung, Ein Vergehen ist, durch welche daher die im Strafgesetzbuche § 156 Abs. 1 auf eine einfache Verleumdung verordnete Strafe — Gefängniß von einer Woche bis zu einem Jahre — nur einmal verwirkt ist, wie denn ein gleicher Grundsatz allgemein für jede durch eine und dieselbe Handlung verübte Ehrverletzung mehrerer Personen anerkannt werden muß, weil im Strafgesetzbuche auch die Strafe der Ehrverletzung rein den Charakter einer poena publica hat, eine Handlung dadurch, daß sie gleichzeitig sich objektiv auf mehrere Personen bezieht, nicht aufhört, eine Handlung zu sein, und sogar für den Fall, daß eine und dieselbe Handlung die Merkmale mehrerer Verbrechen oder Vergehen in sich vereinigt, im § 55 des Strafgesetzbuches verordnet ist, daß nur eine Strafe stattfinde, nämlich dasjenige Strafgesetz zur Anwendung komme, welches die schwerste Strafe androht;

in Erwägung, daß dieser materielle Rechtsgrundsatz:

daß durch eine in einer und derselben Handlung enthaltene Ehrverletzung mehrerer Personen die Strafe des übertretenen Strafgesetzes nur einmal verwirkt ist,

alsdann sehr einfach zur Geltung kommt, wenn entweder auf den

Antrag der Beleidigten der Staatsanwalt die Anklage erhebt, oder alle Beleidigten gemeinschaftlich Eine Privatanklage anstellen, — Str.-G.-B. §§ 160, 343, Einführungsgesetz vom 14. April 1851 art. XVI., — indem alsdann der Richter eine Strafe verhängt, bei Abmessung des Strafmaßes innerhalb der von dem übertretenen Strafgesetze gezogenen Grenze aber darauf, daß die Ehrverletzung mehrere Personen betroffen hat, die geeignete Rücksicht nehmen mag; daß aber derselbe materielle Rechtsgrundsatz auch dann festgehalten werden muß, wenn, was processualisch zulässig ist, der jedem einzelnen Beleidigten selbständig zustehende Antrag auf Bestrafung von den verschiedenen Beleidigten getrennt in mehreren gleichzeitig oder nach einander erhobenen Privatanklagen der Beleidigten geltend gemacht wird, daß in solchen Fällen der Richter, sofern es nicht zulässig und angemessen erscheint, mehrere gleichzeitig vor ihm schwebende Prozesse in einem zu verbinden, bei der Entscheidung des ersten Prozesses dasjenige Strafmaaß, welches er mit Rücksicht auf die in diesem Prozesse ihm vorliegenden Anträge auf Bestrafung für angemessen hält, verhängen, bei jeder späteren Entscheidung eines anderen Prozesses aber den in den bereits entschiedenen Prozessen verhängten Strafen dasjenige Maaß, um welches er die Handlung darum, weil sie nicht blos eine Beleidigung derjenigen Personen, deren Strafanträge in den früheren Entscheidungen vorlagen, sondern auch noch derjenigen Personen, deren Strafanträge ihm nun noch vorliegen, enthält, für strafbar erachtet, hinzusetzen mag, daß aber durch sämmtliche von ihm zu verhängende Strafen, die in dem durch die eine Handlung übertretenen Strafgesetze angedrohte Strafe, die nur einmal verwirkt ist, nicht überschritten werden darf;

in Erwägung, daß wegen der Eingangs gedachten in einer und derselben Aeußerung des Imploranten enthaltenen Verleumdung des Pfarrers H. und der Wittwe B. von diesen zwei besondere Privatanklagen erhoben worden sind, der Kommissarius des Kreisgerichts zu G. für Injuriensachen auf die Klage des Pfarrers H. mittelst Erkenntnisses vom 12. Juli 1855 gegen den Imploranten auf 3 Wochen Gefängniß, und auf die Klage der Wittwe B. mittelst Erkenntnisses von demselben Tage auf 14 Tage Gefängniß erkannt, der Appellationsrichter aber das erste Erkenntniß lediglich bestätigt, das andere Erkenntniß dahin abgeändert hat, daß er statt auf 14 Tage nur auf eine Woche Gefängniß erkannt hat; daß durch die beiden Strafen von drei Wochen und einer Woche das im angeführten § 156 des Str.-G.-B. al. 1 angedrohte Strafmaaß von einer Woche bis zu einem Jahre Gefängniß nicht überschritten, die vorstehenden Rechtsgrundsätze also und der § 55 des Strafgesetzbuches nicht verletzt worden sind."

Diese Entscheidung hat folgende Fehler:

a. Es ist unrichtig, wenn behauptet wird, es sei nur eine Verleumdung vorhanden, wenn zwei Personen durch dieselbe Aeußerung verleumbet worden sind. Als ein Verbrechen kann nur dasjenige behandelt werden, was sich auf ein und dieselbe Absicht zurückführen läßt. Es ist undenkbar die Verletzung zweier verschiedener Personen auf ein und dieselbe Absicht zurückzuführen.

b. Der Ausdruck „eine Handlung hört dadurch, daß sie gleichzeitig sich objektiv auf mehrere Personen bezieht, nicht auf, eine Handlung zu sein" ist aus einer falschen Anschauung hervorgegangen. Dasjenige nämlich was sich objektiv gleichzeitig auf mehrere Personen bezieht, ist nicht die „Handlung" sondern das zur Realisirung der mehreren verleumderischen Absichten benutzte gemeinschaftliche Mittel.

c. Wo mehr als ein Recht zu verletzen beabsichtigt wird, wo dieser mehrfachen Absicht entsprechend mehrere Rechtsverletzungen stattgefunden haben, ist es nicht möglich von einer Handlung zu sprechen. Da nun § 55 zu seiner Anwendung das Vorhandensein nur einer Handlung voraussetzt, in dem vorliegenden Falle aber nicht eine Handlung, ein Verbrechen, sondern mehrere Verbrechen begangen sind, so ist die Anwendung des § 55 Str.-G.-B. fehlerhaft.

d. Es ist ein innerer Widerspruch, von dem Richter zu verlangen, er solle die Strafe für eine Verleumdung auf dem Wege der Strafzumessung schärfen, weil noch eine zweite Verleumdung begangen sei, und zugleich zu behaupten, diese zwei Verleumdungen seien doch nur eigentlich eine Verleumdung, eine Handlung, ein Verbrechen.

e. Es ist ein innerer Widerspruch, von dem Richter zu verlangen, er solle die Strafe für eine Verleumdung auf dem Wege der Strafzumessung schärfen, weil noch eine zweite Verleumdung begangen sei, und ihm zugleich vorschreiben, das Strafmaximum, welches § 156 für eine Verleumdung bestimmt, nicht zu überschreiten. Denn soll eine Strafschärfung stattfinden mit Bezug auf ein zweites begangenes Verbrechen, so liegt der Grund für diese Strafschärfung in dem Vorhandensein dieses zweiten Verbrechens nicht aber in dem Umstande, daß das erstere mit einer geringeren Strafe als dem Strafmaximum belegt worden ist. Wenn das Vorhandensein einer zweiten Verleumdung die Strafschärfung der ersten verlangt, so muß diesem Verlangen überall, und nicht blos dann nachgegeben werden, wenn die erste Verleumdung mit dem Strafmaximum nicht zu belegen gewesen wäre. Denn es würde die ärgste Inkonsequenz sein, die Strafschärfung einer Verleumdung wegen der begangenen zweiten zwar zu fordern, aber doch nicht in dem Falle zu fordern, wenn die erstere so strafwürdig war, daß sie für sich allein schon das Strafmaximum bedingt hätte.

f. Diese Inkonsequenz, zu welcher das Obertribunal nothwendig gelangen muß, wird vollkommen vermieden, wenn der vorliegende Fall nach dem Vorbilde der bayrischen Praxis unter Anwendung des § 56 entschieden wird. Ich halte es für eine Selbsttäuschung von einer strafzumessenden Straferhöhung unter Anwendung des § 55 zu sprechen. Denn das gleiche Resultat wird auch erreicht, wenn nach der Bestimmung des § 56 die Strafe der einen Verleumdung wegen der vorhandenen zweiten g e s c h ä r f t wird, und der Vortheil besteht darin, daß § 56 uns kein Hinderniß in den Weg legt, mit der Strafschärfung fortzufahren, wenn die geschärfte Strafe auch mehr als ein Jahr Gefängniß betragen sollte.

II. **Verbrechen welche durch ein und dasselbe Erzeugniß der Presse begangen sind:**

1) T e m m e II. S. 277. Simon Sch. war der Majestätsbeleidigung, der Störung der öffentlichen Ruhe und der Beleidigung der Mitglieder des kaiserlichen Hauses angeklagt, die durch ein und dieselbe Handlung verübt waren. Das Gericht hatte ihn nur wegen des ersten Verbrechens verurtheilt, von der Anklage der beiden anderen aber freigesprochen. Die Staatsanwaltschaft ergriff die Nichtigkeitsbeschwerde; der Cass.-Hof zu W i e n verwarf sie (11. Aug. 1853):

„Eine und dieselbe Handlung kann nicht aus einem doppelten Gesichtspunkte nach verschiedenen, überdies einen gleichen Strafsatz enthaltenden Strafgesetzen als strafbar angesehen werden."

Bei der Entscheidung der ersten Instanz muß es auffallen, und wird dadurch das Fehlerhafte der Entscheidung dargethan, daß obwohl nur eine Handlung begangen sein soll, es doch noch für nöthig erachtet wurde, wegen anderer Verbrechen, die denn doch auch eine Handlung voraussetzen, noch freizusprechen. Heißt diese Freisprechung wohl etwas anders als: Ein Verbrechen wird deswegen straflos, weil die Veranlassung, das Mittel zu diesem Verbrechen, auch noch die Veranlassung und das Mittel zu einem anderen, größeren war?

Die Praxis anderer deutscher Länder hat diesen Fehler, den muthmaaßlich auch die preußische Praxis begangen haben würde, vermieden.

2) Temme II. S. 278. Der Redakteur der Manheimer Abendpost, H. Schlippe, war wegen eines Artikels in No. 104 des Blattes vom 1. Mai 1851 überschrieben: „der neue Preßgesetzentwurf," angeklagt, in demselben die bestehende Regierungsform mit Spott und Verachtung behandelt zu haben. Er wurde zu 2 Monaten Gefängniß und 100 Fl. Geldbuße verurtheilt. Nachdem das Erkenntniß rechtskräftig geworden war, erhob der Staatsanwalt aus demselben Artikel eine neue Anklage und zwar wegen des darin enthaltenen Vergehens der Schmähung der Gr. Staatsbehörde. In der ersten Instanz erfolgte Verurtheilung; in der zweiten aber Freisprechung, weil wegen einer und derselben Handlung nicht zwei Verurtheilungen eintreten könnten. Der Staatsanwalt legte Cassationsrekurs ein. Der Cass.-Hof zu Darmstadt vernichtete und verwies die Sache zur weitern Verhandlung an das Obergericht zu Mainz als Revisionsinstanz:

„In Erwägung, daß das Obergericht mit Unrecht von der Ansicht ausging, daß in dem incriminirten Zeitungsartikel nur eine Handlung gesehen, und daher nur eine ideelle Konkurrenz mehrerer Gesetzesübertretungen vorliegen könne, indem, wenn wirklich, wie die Gr. Staatsbehörde behauptet, in jenem Artikel nicht blos die Regierungsform mit Spott und Verachtung behandelt, sondern auch die Gr. Staatsbehörden selbst durch Schmähungen und herabwürdigenden Spott angegriffen wurden, demselben zwei verbrecherische Absichten zu Grunde liegen, die wenn auch in demselben Artikel die zu ihrer Ausführung gebrauchten Ausdrücke und Sätze vereinigt sind, dennoch mit diesen zwei besondere Vergehen bilden, bei denen nur die über reelle Konkurrenz bestehenden gesetzlichen Bestimmungen zur Anwendung kommen können."

Zu dieser gewiß vollkommen richtigen, zur Nachachtung durchaus zu empfehlenden Entscheidung (daß das Gesetz im Großh. Hessen nur dem Wortlaute nach von Preußen St.-G.-B. § 55 abweicht, ist in dieser Abhandlung § 7 ausgeführt) macht Temme a. a. O. die Glosse: „Wurden die beiden verschiedenen Delikte in verschiedenen Sätzen des nämlichen Aufsatzes gefunden, so war allerdings reale Konkurrenz anzunehmen, außerdem aber auch eben so gewiß nur ideale." Darauf ist denn doch zu erwidern, daß es völlig gleichgültig erscheint, ob die mehreren Absichten des Thäters in einer Reihe von Worten enthalten waren, welche durch einzelne Punktzeichen getrennt, oder ob sie sich in ein und derselben vielleicht etwas gedrängteren Periode vorfanden.

3) Temme II. S. 269. In der Zeitschrift „Leuchtkugeln" befand sich ein Artikel überschrieben „Litanei zu allen Heiligen der Reaktion." Der nähere Inhalt des Artikels interessirt uns für unsere Zwecke nicht, es ist genug zu wissen, daß wegen dieses einen Artikels der Redakteur wegen begangener Uebertretung des art. 16 — (Wer in einer Schrift die Unverletzlichkeit des Königs, dessen verfassungsmäßige Gewalt oder die Thronfolge angreift, wer die bestehende Regierungsform mit Spott oder Verachtung behandelt u. s. w. soll mit Gefängniß von 8 Tagen bis zu sechs Monaten und mit Geldbuße von 10 bis 100 Fl. bestraft werden) — und art. 20 — (Wer in einer Schrift die Religion oder Sittenlehren überhaupt, oder die Lehren, Einrichtungen, Gebräuche einer im Staate bestehenden Religionsgesellschaft durch Ausdrücke der Verachtung oder Verspottung angreift, soll mit Gefängniß von 8 Tagen bis zu einem Jahre, und mit Geldbuße von 10 bis 200 Fl. bestraft werden) — des Preßgesetzes vom 17. März 1850 durch Beschluß des App.-Ger.

von Oberbayern vom 5. Sept. 1851 unter Anklage gestellt, und die Sache vor das Schwurgericht verwiesen wurde. Er ergriff hiegegen die Nichtigkeitsbeschwerde. Wäre von dem bayrischen Cassationshof der Grundsatz anerkannt, daß aus einer sträflichen Aeußerung nur eine strafbare Handlung entstehen könne, so hätte dasselbe den Anklagebeschluß vernichten müssen, weil wegen ideeller Konkurrenz nur das schwerere Strafgesetz art. 20 auf den vorliegenden Fall anwendbar sei. Davon wird aber in den Entscheidungsgründen der Nichtigkeitsbeschwerde nichts erwähnt; vielmehr wurde die Anklage aus art. 16 lediglich deswegen vernichtet, weil das Ob.-App.-Gericht zu München die faktischen Voraussetzungen für eine kumulative Anwendung dieser Gesetzesstelle in dem inkriminirten Artikel nicht zu finden glaubte; womit denn zugleich gesagt ist, daß wenn das Ob.-App.-Gericht die thatsächlichen Voraussetzungen auch des art. 16 gefunden hätte, dasselbe die Anklage und somit auch die Verurtheilung wegen zweier Vergehen durch dieselbe schriftliche Aeußerung begangen, für zulässig gehalten haben würde.

III. Anstiftung mehrerer Personen zu falschem Zeugnisse. Wenn die preußische Praxis nur eine Handlung annehmen will, falls durch dieselbe injuriirende Aeußerung drei Personen injuriirt werden, so würde die Konsequenz es zu fordern scheinen auch nur eine Anstiftungshandlung und mithin die Anwendung des § 55 zu verlangen, wenn ein und dieselbe Ueberredung drei Personen dazu vermocht hätte, daß jede derselben einen Meineid wirklich geschworen. — Doch ich finde in den mir zu Gebote stehenden Mittheilungen der preußischen Praxis keine auf einen derartigen Fall bezügliche Entscheidung. Vielleicht ist es nicht überflüssig aus der Praxis zweier anderen deutschen Länder folgende beiden Fälle mitzutheilen. Der erstere ist durch das Ob.-App.-Ger. zu München, der zweite durch das Ob.-App.-Ger. zu Celle entschieden.

1) Temme II. S. 296. Adam Hepp war wegen Körperverletzung zur Untersuchung gezogen. In dieser Untersuchung waren eidlich als Zeugen vernommen seine Ehefrau, seine Tochter und sein Sohn. Es ergab sich, daß alle drei falsches Zeugniß abgelegt hatten und zwar von Adam Hepp dazu verleitet. In der deshalb eingeleiteten Untersuchung wurde Adam Hepp wegen des dreifachen

Verbrechens der Verführung zum Meineid verurtheilt. Das Ober-App.-Ger. vernichtete (27. Aug. 1852) und verwies die Sache zur nochmaligen Verhandlung und Aburtheilung an einen andern Senat des betr. App.-Ger.

Das Gesetz, so sagen die Entscheidungsgründe, wolle zwar den intellektuellen Urheber ebenso gestraft wissen, als ob er das Verbrechen, zu dessen Ausführung er andere bestimmt hat, unmittelbar selbst begangen hätte. „Hieraus folgt aber keineswegs, daß der intellektuelle Urheber, wenn er mehrere Personen zur Ausführung eines und desselben Verbrechens verleitet hat, sich dadurch dieses nämlichen Verbrechens so vielmal schuldig mache, als die Anzahl der Vollbringer desselben beträgt. Dieses geht um so weniger an, als die Absicht des intellektuellen Urhebers nur auf dieses eine, nicht auf mehrere Verbrechen gerichtet war und sein konnte." (Welches ist denn dies e i n e Verbrechen? Die Absicht des Anstifters ist doch auf dasjenige Verbrechen gerichtet, welches in Folge der Anstiftung begangen werden soll, — die Anstiftung an sich ist doch niemals ein delictum sui generis. — Nun sind auf Anstiften des Angeklagten d r e i Meineide geschworen, welches ist der e i n e Meineid als dessen intellektueller Urheber der Angeklagte angesehen werden soll, der Meineid der Frau, der Tochter oder des Sohnes? Und warum k o n n t e die Absicht des Angeklagten nur auf einen Meineid gerichtet sein? — Ebenso gut wie man als physischer Urheber drei Meineide beabsichtigen kann, muß es doch auch möglich sein als intellektueller Urheber drei Meineide zu beabsichtigen!) Die Entscheidungsgründe gehen dann weiter, indem sie zwar das Vorhandensein des concursus plurium ad idem delictum behaupten, dagegen das Vorhandensein des concursus delictorum gänzlich in Abrede stellen. Von conc. del. idealis könne deswegen nicht die Rede sein, weil nur ein Strafgesetz übertreten sei, von einem conc. del. realis aber deswegen nicht, weil letzterer mehrere Handlungen voraussetze. Es sei aber „das in Frage stehende Verbrechen (— es steht nicht e i n Verbrechen in Frage, sondern es steht in Frage, ob der Angeklagte e i n oder d r e i Verbrechen begangen hat —) nicht in fortgesetzten Handlungen sondern g l e i c h z e i t i g (!) verübt" (— was soll man sich wohl bei einem gleichzeitig verübten

Verbrechen denken? Sollte damit etwa gesagt sein, daß die Veranlassung zu den drei Meineiden zu ein und derselben Zeit gegeben wurde, so ist darauf aufmerksam zu machen, daß Gleichzeitigkeit oder Nicht-Gleichzeitigkeit der Thätigkeiten in keinem Falle entscheidend für die Frage sind, ob ein oder ob mehrere Verbrechen vorliegen. Vergl. die unter II. 3. mitgetheilte Entscheidung desselben Gerichtshofes —) „auch nicht an verschiedenen Personen oder Gegenständen wiederholt, sondern durch dasselbe einzig und allein das Interesse des Staates verletzt, weil demselben aus Gründen des Gemeinwohls daran liegt, daß kein Schuldiger der verdienten Strafe entgehe, und er daher das Recht hat, strafrechtlich zu gebieten, daß seinen Behörden die Wahrheit angegeben werde. (— Dieser Grund beweist nicht einmal das, was er beweisen soll, nämlich daß in vorliegendem Falle das Verbrechen nicht gegen verschiedene Personen begangen sei. Denn, ebenso gut wie der Staat durch den Meineid angegriffen ist, weil aus Gründen des Gemeinwohls unter gewissen Voraussetzungen jeder die Wahrheit sagen muß, so ist auch der Staat durch die gegen A. und B. und C. und D. ꝛc. ausgeführten Diebstähle lediglich angegriffen, weil er aus Gründen des Gemeinwohls bei Strafe verlangen kann, daß Niemand in seinem Eigenthum verletzt werde. Aber angenommen es sei bei begangenem Meineide lediglich und ausschließlich der Staat verletzt, sollte nicht behauptet werden dürfen, der Staat sei dreimal statt einmal verletzt, wenn statt eines Meineides drei geschworen wurden? —) „Noch weniger ist endlich derjenige Fall eines realen Zusammenflusses vorhanden, welcher darin besteht, wenn in mehreren Handlungen Verbrechen verschiedener Art enthalten sind, denn es wurde außer dem Meineide kein anderes Verbrechen verübt, und das Verbrechen des Meineides kann seiner Natur nach nur durch eine Handlung, nämlich durch Ableistung des falschen Eides begangen werden. Da nun Adam Hepp als intellektueller Urheber gerade so zu beurtheilen ist, als wenn er das erwähnte Verbrechen unmittelbar selbst ausgeführt, also **einen** falschen Eid in eigener Person geschworen hätte, zur unmittelbaren Begehung dieses eine und dieselbe Thatsache betreffenden Meineides durch ihn aber nicht eine dreimalige Ableistung des falschen Eides erforderlich gewesen wäre, sondern hiezu schon eine einmalige genügt hätte, mithin die von ihm zum Meineide verleiteten Personen ihm gleichsam nur als Mittel zur Ausführung dieses Verbrechens dienten, so kann der Meineid, zu welchem er dieselben verleitet hat, rücksichtlich seiner Person nur als ein Meineid betrachtet werden." (Hier am Schlusse drehen sich die Entscheidungsgründe so um sich selbst, daß man zuletzt nicht mehr weiß, ob ein oder ob drei Meineide geschworen, wer eigentlich Anstifter und wer Thäter ist. Constatiren wir also, daß durch den Angeklagten Adam Hepp angestiftet, dessen Frau, Sohn und Tochter, jedes einen Meineid geschworen hat. Es sind also drei Meineide geschworen, und diese drei Meineide sollen rücksichtlich der Person des Adam Hepp nur als ein Meineid angesehen werden, weil, wenn er selbst die von jenen drei Personen beschworene falsche Aussage selbst beschworen hätte, er dazu nur eines Meineides bedurft hätte. — Dieses Argument ist doch wirklich sehr verkehrt. Denn was hätte es dem Adam Hepp genützt, selbst Thatsachen zu seinem Vortheil zu bekunden, und seine falschen Angaben zu beschwören? Dadurch wäre zu seinen Gunsten noch nicht einmal ein Zeugniß, geschweige denn drei übereinstimmende Zeugnisse bewirkt worden. Wenn Adam Hepp in eigener Person den Erfolg hervorbringen wollte, den er durch die von ihm Angestifteten hervorzubringen beabsichtigte, so hätte er nicht blos einmal als Adam Hepp, sondern zuerst als Adam Hepp's Frau, sodann als Adam Hepp's Sohn und endlich als Adam Hepp's Tochter, also im Ganzen ebenfalls dreimal schwören müssen. Richtig führen die Entscheidungsgründe an, daß der intellektuelle Urheber gerade so zu beurtheilen sei, als ob er dasjenige oder diejenigen Verbrechen zu denen er angestiftet, selbst begangen habe. Hat nun der Angeklagte zweifellos drei Personen zur Ableistung eines Meineides bestimmt, hat er somit zu drei Meineiden angestiftet, so muß er auch so behandelt werden, als ob er drei Meineide begangen hätte.)

Sollte dieser Fall in der preußischen Praxis vorkommen, so würde die richtige Entscheidung etwa in folgender Weise lauten müssen:

in Erwägung, daß jeder von einem Zeugen in einer Untersuchungssache geleistete Meineid ein selbständiges Verbrechen bildet, in Erwägung, daß in der Untersuchungssache c/a Adam Hepp drei Zeugen, nämlich des Hepp Frau, Sohn und Tochter einen falschen Eid geleistet haben, mithin drei Meineide geschworen worden sind,

in Erwägung, daß der Angeklagte jede dieser drei Personen zu dem von ihr geleisteten Meineid angestiftet, mithin der Anstiftung zu drei Meineiden sich schuldig gemacht hat,

in Erwägung, daß das Strafgesetz (§ 35) den intellektuellen Urheber ebenso behandelt wissen will als den physischen Urheber, mithin in vorliegendem Falle der Angeklagte als intellektueller Urheber dreier Meineide aufzufassen ist,

in Erwägung, daß der Umstand, der Angeklagte habe alle drei Personen durch ein und dieselbe Thätigkeit angestiftet lediglich für die Strafzumessung von Erheblichkeit ist, da durch die einheitliche Anstiftungs-Thätigkeit keineswegs die Mehrheit der verbrecherischen Absicht beseitigt wird, —

so ist die Strafe mit Bezug auf Str.-G.-B. §§ 126, 34 No. 1. 35 und 56 abzumessen. —

2) Temme II. S. 295. Der Kreuzwirth Meier hatte in einer und derselben Civilprozeßsache drei Zeugen zum Meineid angestiftet. Es wurde von dem Schwurgerichtshofe reale Konkurrenz der Anstiftung zum Meineide angenommen, und danach auf 8 Jahre Zuchthaus erkannt. Die erhobene Nichtigkeitsbeschwerde wurde vom Ober-Appellations-Gericht zu Celle (am 10. Dezember 1853) verworfen:

„In Erwägung, daß nach dem Wahrspruche der Geschwornen und unter Berücksichtigung der besonderen Beschaffenheit des Verbrechens des Meineides angenommen werden muß, daß dem Angeklagten Anstiftungen zu drei, wenn auch gleichzeitig begangenen unter sich verschiedenen Meineiden zur Last fallen, und diese real mit einander konkurriren, in dieser Voraussetzung aber gegen den Angeklagten weder auf eine von dem Gesetze für die Verbrechen desselben nicht angedrohete Strafe erkannt, noch das höchste Maaß der für jene in den Kriminalgesetzen angedroheten Strafe überschritten ist."

Zweiter Fall. Der Thäter beabsichtigt mehrere Verbrechen, von denen das frühere als Mittel zur Ausführung des späteren oder das spätere zur Verdeckung des früheren dient.

I. Diebstahl zum Zwecke des Betruges. Temme II. S. 286. Jemand hatte einer Person, mit der er zusammenwohnte eine von ihm selbst ausgestellte Quittung in der Absicht entwendet, den darin bezeugten Empfang des Geldes abzuleugnen. Das Obergericht zu Zürich bestrafte ihn wegen vollendeten Hausdiebstahls in Konkurrenz mit nahem Versuche des Betruges. — Man wird darüber vielleicht streiten können, ob der Versuch des Betruges bereits in dem Diebstahl enthalten sei, ein Zweifel, der wenigstens gegenüber dem Preuß. Str.-G.-B. § 31 nicht ohne Berechtigung sein würde. Aber diese Voraussetzung zugegeben, kann es keinem Zweifel unterliegen, daß außer der Absicht zu stehlen, auch die Absicht zu betrügen existent geworden sei, daß, da zwei Absichten vorhanden sind, auch zwei Handlungen angenommen werden müssen, und daß in Folge dessen, wenn der Fall in Preußen sich ereignen sollte, Str.-G.-B. § 55 nicht anwendbar sein würde, weil dieser § nur von einer Handlung spricht, vielmehr § 56 angewendet werden müßte, weil dieser § von mehreren Handlungen, von mehreren Verbrechen spricht.

II. Zollkontravention zum Zwecke des Diebstahls. Goltd. Archiv V. S. 416. Der Angeklagte ist in K. bei der Löschung eines mit unversteuertem Zucker beladenen Seeschiffes beschäftigt gewesen, und hat hierbei eine Quantität von über zwei Centnern über Seite gebracht und auf dem Schiffe verborgen. Nach vollendeter Löschung und bei dem Versuche, diese Quantität an's Land zu schaffen, ist er entdeckt und wegen Diebstahls und Zollkontravention angeklagt.

Der erste Richter stellt fest:

1) daß er jene Quantität Zucker auf dem bewohnten Schiffe in der Absicht rechtswidriger Zueignung weggenommen hat;
2) daß er es unternommen hat, dem Staate die Eingangsabgabe für diesen Zucker im Betrage von 17 Rthlr. 1 Sgr. zu entziehen,

und er ist daher wegen Diebstahls zu 6 Monaten Gefängniß, und wegen **Zolldefraudation** zu 68 Rthlr. 4 Sgr. **Geldbuße, Konfiskation** u. s. w. **bestraft**.

Der Appellationsrichter reformirt in sofern, daß der Angeklagte wegen Diebstahls und Zolldefraudation nur zu 6 Monaten Gefängniß verurtheilt ist, indem er die besondere Defraudationsstrafe wegen der idealen Konkurrenz beider Vergehen (§ 55 Str.-G.-B.) für wegfallend erklärt.

Das Obertribunal reformirte auf erhobene Nichtigkeitsbeschwerde und verurtheilte wie der erste Richter wegen Diebstahls und wegen Zollkontravention, weil die Bestimmungen des Zollstrafgesetzes vom 23. Januar 1838 außer Acht geblieben seien. Es bestimmt nämlich § 23 dieses Gesetzes: „Treffen mit einem Zollvergehen andere Verbrechen zusammen, so kommt die für die erstere bestimmte Strafe zugleich mit der für letztere vorgeschriebenen zur Anwendung.“ Und § 24: „Wird eine Defraudation mittelst Abnahme, Verletzung u. s. w. des amtlichen Waarenverschlusses verübt, so tritt außer der Strafe der verübten Defraudation diejenige ein, welche bei allgemeinen Strafgesetzen bei Fälschungen öffentlicher Urkunden stattfindet, jedoch mit Ausnahme der darin vorgeschriebenen Geldstrafe.“

Dieser von dem Ober-Tribunal aus dem Zollstrafgesetz entnommene Entscheidungsgrund war jedenfalls der nächstliegende, nicht zu übergehende und vollkommen zureichende. Ich will mir hiebei auch nur die Bemerkung erlauben, daß wenn die eben erwähnten Bestimmungen sich in dem Zollstrafgesetze auch nicht vorgefunden hätten, Str.-G.-B. § 55 doch nicht würde haben zur Anwendung gebracht werden können. Denn begeht jemand eine Zolldefraudation, so handelt er in betrüglicher Absicht gegen den Staat. Begeht jemand einen Diebstahl, so beschädigt er in verbrecherischer Absicht das Vermögen des Bestohlenen. Es liegen somit zweifellos zwei verbrecherische Absichten vor, welche die Annahme e i n e r verbrecherischen Handlung mit Nothwendigkeit ausschließen, vielmehr die Annahme zweier Handlungen fordern, woraus sich von selbst ergiebt, daß dasjenige Strafgesetz, welches von e i n e r Handlung spricht (§ 55), nicht angewandt werden kann, vielmehr dasjenige angewandt werden muß, welches von mehreren Handlungen spricht, nämlich Str.-G.-B. § 56. (Ein ganz ähnlicher Fall findet sich Goltd. Archiv VI. S. 548—551.)

III. Vermögensbeschädigung zum Zwecke des Diebstahls. Goltd. Archiv VI. S. 845. „Der Angeklagte hat gegen seinen in einem fiskalischen Gebäude wohnenden Vater einen Diebstahl durch Einbruch verübt. Der Einbruch ist durch Einstoßen einer Wand des Hauses verübt, und dadurch dem Eigenthümer des Hauses, dem Fiskus, ein Schade zugefügt worden.

Nach § 229 des Str.-G.-B. sind Diebstähle gegen Eltern nur auf Antrag der letzteren strafbar. Im vorliegenden Falle erklärte der bestohlene Vater ausdrücklich, daß er die Bestrafung seines Sohnes nicht wolle. Der Diebstahl selbst wurde dadurch also straflos.

Dagegen ist die Anklage wegen Vermögensbeschädigung erhoben, weil der Angeklagte das Vermögen des Fiskus dadurch vorsätzlich und rechtswidrig beschädigt habe, daß er behufs der Ausführung des Diebstahls die Wand des Hauses eingeschlagen habe.

Der erste Richter verurtheilt deshalb wegen vorsätzlicher rechtswidriger Vermögensbeschädigung aus § 281 des Strafgesetzbuches. Denn auf den Endzweck des Thäters bei seiner die Vermögensbeschädigung enthaltenden Handlung komme es nicht an, namentlich nicht darauf, ob er die Beschädigung nur angerichtet habe, um zu einem anderen Endzwecke zu gelangen, wenn nur der Vorsatz gewesen sei, die Sache zu beschädigen, was hier unzweifelhaft vorliege, da der Angeklagte ohne diesen Vorsatz gar nicht habe zu seinem Zwecke gelangen können.

Das Appellationsgericht spricht frei. Die Nichtigkeitsbeschwerde des Ober-Staatsanwalts gegen diese Freisprechung wird zurückgewiesen.

Dieser Fall gehört wohl zu den schwierigsten und interessantesten die nur vorkommen können. Die Entscheidung des Ober-Tribunals befriedigt mich nicht vollkommen, da einzelne, wie ich glaube, für die Entscheidung wesentliche Gesichtspunkte gar nicht berührt, andere nicht in das gehörige Licht gesetzt sind.

Das Ober-Tribunal sagt: „Der Appellationsrichter begründet allerdings unrichtiger Weise seine Freisprechung durch die Regeln der Konkurrenz. Wenn in dem Thatbestande eines und desselben Verbrechens zugleich ein thatsächliches Moment, als Theil dieses Thatbestandes, enthalten ist, welches selbständig, also ohne diese

Verbindung, eine besondere strafbare Handlung darstellen würde, so kann von einer Konkurrenz in dem Sinne, daß nämlich auch die Strafbarkeit dieses Momentes neben der Haupthandlung in Betracht zu ziehen wäre, natürlich keine Rede sein, indem das Gesetz dann immer durch die Strafe des Hauptverbrechens auch jenes besonders strafbare Moment des Thatbestandes ahndet. Es ist daher unstatthaft, die Vermögensbeschädigung durch Verübung eines Einbruches in Betracht zu ziehen, wenn wegen schweren Diebstahls durch Einbruch gestraft wird. Hier können also die Regeln der §§ 55, 56 gar nicht in Frage kommen, weil eben das Gesetz selbst schon im § 218 das qualificirende, für sich allein allerdings den Thatbestand der Vermögensbeschädigung nach § 281 darstellende Moment des Einbruchs in der erhöhten Strafe des schweren Diebstahls nach jenem § 218 mit umfaßt."

Ich gebe es als etwas Zweifelloses zu, daß wenn nach § 218 Diebstahl mittels Einbruchs gestraft wird, schlechterdings niemals außerdem noch auf die Vermögensbeschädigung, welche durch das Einbrechen bewirkt wurde, als auf ein besonderes Verbrechen Rücksicht genommen werden kann, da das Verbrecherische, welches durch die Vermögensbeschädigung dem Diebstahle noch hinzugefügt wird, bei der Strafbestimmung des § 218 überall mit Berücksichtigung erfahren hat. — Dabei darf aber nicht übersehen werden, daß die bei dem Diebstahl mit Einbruch neben dem Diebstahle vorkommende Vermögensbeschädigung keinesweges immer in demselben Verhältnisse zum Diebstahle steht. — Entweder nämlich ist die Vermögensbeschädigung mit dem Diebstahle zu einer Handlung verbunden — falls der Einbruch in das dem Bestohlenen gehörende Gebäude stattfand — oder es ist die mit dem Diebstahl in eine nur äußere Verbindung tretende Vermögensbeschädigung eine selbständige Handlung neben dem Diebstahl. Dieses letztere wird überall da behauptet werden müssen, wo die Vermögensbeschädigung gegen eine, der Diebstahl gegen eine andere Person gerichtet war, weil der Angriff gegen die Vermögensrechte verschiedener Personen — die etwaigen Fälle des Irrthums ungerechnet — niemals in einer Absicht zusammengefaßt werden können. Für die Bestrafung des Diebstahls mit Einbruch ist es allerdings gleichgültig, ob das eine oder das andere Verhältniß zwischen Diebstahl und Vermögensbeschädigung stattfindet, da § 218 sowohl diejenigen Fälle mit Strafe bedroht, in denen die Vermögensbeschädigung mit dem Diebstahl zu einer Handlung verbunden wie auch diejenigen, in denen die Vermögensbeschädigung als selbständige, nur in einem äußeren Zusammenhange mit dem Diebstahl stehende Handlung aufzufassen ist; — aber es dürfte die Verschiedenartigkeit dieses Verhältnisses keineswegs dann gleichgültig sein, wenn es sich um die Anwendung eines Strafgesetzes handelt, welches wie Str.-G.-B. §§ 228, 229 von der Straflosigkeit des Diebstahls, resp. von Verzicht auf Bestrafung dieses Delikts seitens des Bestohlenen handelt. Stellen wir also für unsern Fall zunächst fest, daß, da die zum Zwecke des Einbruches erforderliche Beschädigung des Gebäudes gegen den Fiskus, der Diebstahl aber gegen den Bewohner des dem Fiskus gehörenden Hauses gerichtet war, zwei verbrecherische Handlungen anzunehmen sind, auf welche, wenn sie gestraft worden wären, allerdings ausschließlich § 218 anzuwenden gewesen wäre. —

Die Entscheidungsgründe des Ober-Tribunals lauten nun weiter folgendermaßen: „Anders ist dies jedoch selbstverständlich alsdann, wenn das Hauptverbrechen aus irgend einem Grunde straflos bleibt, wenn also die absorbirende Kraft seiner Strafe in Beziehung auf jene Momente nicht eintritt. Hier muß es immer die Frage sein, ob der Grund dieser Straflosigkeit auch diejenigen solcher Momente in sich schließt?"

Diese Frage möchte ich im Allgemeinen gleich hier beantworten. Bei der Strafbestimmung für Diebstahl mit Einbruch ist die durch den Einbruch begangene Vermögensverletzung — für sich allein strafbar nach § 281 — mit als qualificirendes Moment benutzt worden, es bildet die Strafe für die Vermögensbeschädigung gewissermaßen ein Element des für den Diebstahl mit Einbruch festgesetzten Strafmaaßes. Ist nun dieses eine Element der Strafe so innig mit der ganzen Strafe des § 218 verbunden, daß eine Aussonderung desselben überhaupt unmöglich wäre, so muß dasselbe zweifellos auch alsdann mit absorbirt werden, wenn eine Straflosigkeit nur für den Diebstahl eintreten soll. Wenn es dagegen möglich ist, dasjenige Strafquantum, welches wegen der mit dem Diebstahle verbundenen Vermögensbeschädigung zur Qualifikation beigetragen hat, wie sich dieselbe im § 218 findet, auszusondern, so wird nichts hindern können, die Strafe für die Vermögensbeschädigung dann für nicht absorbirt anzusehen, falls Gründe für diese Nicht-Absorption vorhanden sein sollten.

Darauf fährt das Ober-Tribunal fort:

„Man ist sowohl in der Theorie, als auch in den positiven Vorschriften einzelner Gesetzbücher darin einverstanden, daß, wenn der Versuch eines Verbrechens deshalb straflos bleibt, weil z. B. der Thäter freiwillig davon zurückgetreten ist, alsdann die etwa in seiner Versuchshandlung liegende, mit besonderer Strafe bedrohte Gesetzesübertretung nunmehr allerdings besonders strafbar wird. Dies war daher auch in den früheren Entwürfen unseres Strafgesetzbuches ausdrücklich vorgeschrieben, und die Vorschriften sind nur aus dem Grunde aus dem Strafgesetzbuche fortgeblieben, weil dasselbe überhaupt keine besondere Vorschrift über die Straflosigkeit des durch freiwilligen Rücktritt aufgegebenen Versuches enthält, man vielmehr die Fassung des § 31 zu diesem Zweck für genügend hielt."

Wir wollen aus diesem Entscheidungsgrunde gleich dasjenige konstatiren, was daraus für unsern Fall zu konstatiren ist. — Gesetzt der Thäter wäre von der Ausführung des Diebstahls freiwillig zurückgetreten, nachdem er indessen schon den Einbruch begangen hatte, so würde er nach den Ansichten der Theorie über con. qualif. nach den Bestimmungen einzelner Gesetze, wegen Vermögensbeschädigung zu strafen sein. Dieses gleiche Resultat hat die Preußische Gesetzgebung durch die Fassung des Str.-G.-B. § 31 erreichen wollen, wir müssen also annehmen, daß auch nach Preußischem Strafrechte in dem vorstehenden Falle die Strafe der Vermögensbeschädigung eintreten würde. Dies ist aber nur denkbar, wenn dasjenige Strafmoment, welches in der Bestimmung des § 218 durch die Vermögensbeschädigung hineingebracht, wieder aus demselben ausgeschieden werden kann, oder vielmehr, die Thatsache, daß in solchem Falle die Strafe für die bloße Vermögensbeschädigung ausgesprochen werden kann, zeigt uns, daß eine Ausscheidung dieser Strafe aus § 218 überhaupt möglich ist.

Es kann nunmehr in folgender Weise geschlossen werden: Da eine Absonderung der Strafbestimmung für die Vermögensbeschädigung aus dem Str.-G.-B. § 218 überhaupt möglich ist, so ist es nicht zulässig die Strafe für die mit dem Diebstahl verbundene Vermögensbeschädigung überall da für absorbirt zu erachten, wo für den Diebstahl das Gesetz Straflosigkeit ausgesprochen hat, und zwar blos aus dem Grunde weil für den Diebstahl Straflosigkeit ausgesprochen ist. Vielmehr muß, wenn bei einem Diebstahl mit Einbruch, auch die für die Vermögensbeschädigung verwirkte Strafe unausgesprochen bleiben soll, ein besonderer Absorptionsgrund für diese Strafe aufgestellt werden können. Ein solcher ist zweifellos dann anzunehmen, wenn Einbruch und Diebstahl gegen ein und dieselbe Person gerichtet, durch eine Absicht zusammengehalten, sich nur als Theile eines und desselben Verbrechens, einer und derselben Handlung darstellen. Denn indem das Gesetz die Straflosigkeit des Diebstahls in §§ 228, 229 bestimmte, hat es damit die Straflosigkeit der ganzen Handlung und aller ihrer Theile ausgesprochen. — Wo indessen die in dem Einbruche liegende Vermögensbeschädigung ein selbständiges, mit dem Diebstahle nur äußerlich verbundenes Delikt ist, da ist nicht der geringste Grund zu erkennen, weshalb die Straflosigkeit des Diebstahls die Straflosigkeit der in irgend einem inneren Zusammenhange mit ihm keineswegs stehenden Vermögensbeschädigung bedingen müßte. — Da nun in dem vorliegenden Falle Vermögensbeschädigung und Diebstahl als zwei verschiedene Handlungen aufgefaßt werden mußten, so würde auch zu sagen sein, daß die gegen den Fiskus begangene Vermögensbeschädigung nach Str.-G.-B. § 281 strafbar bleibt, obwohl der von dem Thäter beabsichtigte Diebstahl auf Grund des Str.-G.-B. § 229 straflos bleiben muß.

Diesem Resultate widersprechen die bis jetzt mitgetheilten Entscheidungsgründe für die entgegenstehende Ansicht keineswegs. Aber es wird darauf ankommen, ob ich meine Ansicht gegen die noch folgenden Gründe des Ober-Tribunals werde aufrecht erhalten können. Diese lauten nämlich:

„Die Gründe aber, welche in einem derartigen Falle die Strafbarkeit solcher in der Versuchshandlung zugleich beruhenden besonders strafbaren Handlungen wieder in Kraft treten lassen, sind eigenthümliche und daher nicht unbedingt auch auf andere Fälle anwendbare." (Die Lehre vom Versuche war es allerdings aus der wir ein Beispiel dafür entnahmen, daß es möglich sei die in § 218 mit enthaltene Strafe für die Vermögensbeschädigung wieder von der Strafe dieses § zu scheiden. Um dieser Thatsache willen war das unzweifelhafte Beispiel des s. g. qualificirten Versuches gewählt, nicht um der Gründe willen, welche die Benutzung derselben bei dem Versuche der Verbrechen erforderlich machen. Letztere sind allerdings dem Versuche eigenthümlich, nicht aber der Thatsache, daß aus § 218 die Strafe für die Vermögensbeschädigung ausgeschieden werden kann.) „So umfaßt die ausdrücklich in Beziehung auf das Hauptverbrechen ausgesprochene Abolition oder Begnadigung unbedenklich auch jene besonders strafbaren, aber in seinem Thatbestande liegenden Handlungen. Dasselbe muß bei der Verjährung angenommen werden, selbst dann, wenn Gründe vorliegen sollten, welche an und für sich die in Beziehung auf das Hauptverbrechen eingetretene Verjährung in Beziehung auf jene besonders strafbaren, aber in seinem Thatbestande liegenden Handlungen ausschließen würden. Dasselbe muß endlich dann angenommen werden, wenn das Gesetz, wie in dem Falle des Diebstahls gegen Verwandte, das Hauptverbrechen mit Rücksicht auf das Verhältniß des Thäters zu dem Verletzten entweder von vornherein für straflos erklärt, oder dessen Strafbarkeit doch nur von dem Willen des Verletzten abhängig macht, und dieser den Strafantrag nicht erhebt." (Wie kommt das Ober-Tribunal dazu, diesen durch Entscheidungsgründe zu erweisenden Satz, plötzlich als einen erwiesenen hinzustellen? Angenommen, die Begnadigung erstrecke sich unter allen Umständen auf alle Bestandtheile des § 218; angenommen bei der Verjährung sei niemals Veranlassung vorhanden, von der Möglichkeit der Straftrennung der Vermögensbeschädigung von der des § 218 Gebrauch zu machen; angenommen das Ober-Tribunal hätte dasselbe mit gleichem, vielleicht, was nicht geradezu unglaublich wäre, mit noch besserem Rechte von hundert andern kriminalistischen Verhältnissen behaupten können; — würde daraus, so frage ich, irgend etwas dafür folgen, daß auch in dem Falle wo die Bestrafung des Diebstahls von dem Antrage des Verletzten abhängig gemacht ist, nie und unter keiner Voraussetzung die Veranlassung, die Nothwendigkeit eintreten werde, von der Möglichkeit der Strafsonderung mit Bezug auf § 218 Gebrauch zu machen? — Die Sache wird übrigens dadurch weder richtiger noch überzeugender, daß dasselbe, was in der positiven Wortfassung gesagt ist, unmittelbar darauf negativ ausgedrückt wird. Ich übergehe daher dasjenige, was lediglich als eine Wiederholung des bereits Gesagten angesehen werden kann und führe nur noch den Schluß der Entscheidung an.) „Der Zweifel aber, welcher daraus erhoben werden könnte, daß, wie im vorliegenden Falle, bei der besonders strafbaren, in dem Thatbestande enthaltenen Handlung nicht der Verwandte, gegen welchen das Hauptverbrechen gerichtet ist, sondern ein Dritter, hier der Fiskus, der Verletzte ist, erledigt sich dadurch, daß die höhere Rücksicht, welche das Gesetz bei seiner Vorschrift über die Straflosigkeit des Hauptverbrechens im Auge gehabt hat, durch eine solche Unterscheidung offenbar vereitelt werden würde. Es muß vielmehr angenommen werden, daß das Gesetz jederlei Strafverfolgung der ganzen Handlung und aller ihrer Theile, gleichgültig, ob diese in ihrer Richtung einen Dritten als Verletzten darstellen würden, habe untersagen wollen." — (Warum muß dies angenommen werden? Wegen der „höheren Rücksichten?" Welches sind diese höheren Rücksichten? Wenn sie wirklich mit zwingender Nothwendigkeit zu der Annahme führen müßten, wie das Ober-Tribunal dieses behauptet, so wäre es wenigstens gut gewesen, dieselben anzuführen. Ich behaupte aber, daß derartige höhere Rücksichten, wo sie überhaupt existiren, als Entscheidungsgründe niemals verwandt werden dürfen. Durch angebliche oder wirkliche „höhere Rücksichten" kann kein Jurist weder überzeugen, noch überzeugt werden.)

Das Resultat dieser Betrachtung dürfte sein, daß die oben von mir aufgestellte Entscheidung wenigstens durch die mitgetheilten Entscheidungsgründe nicht in erheblicher Weise angegriffen sein dürfte. — Doch muß ich noch einen Grund anführen, welcher vielleicht mit dazu beitragen dürfte, meine Ansicht zu unterstützen. Die Bestimmung, daß bei begangenen Verbrechen ex officio eingeschritten werden müsse, hängt mit dem inquisitorischen Grundgedanken des Strafprozesses zusammen. Wird dagegen aus irgend welchen Gründen, die Strafverfolgung von dem Antrage des Verletzten abhängig gemacht, so erkennen wir in dieser Bestimmung einen Ausfluß des auf der Verhandlungsmaxime beruhenden Anklageprozesses. Diese processualische Maxime erstreckt sich in ihren Wirkungen allerdings nicht weiter als auf den ersten Anfang des Strafprozesses; soweit sie aber reicht müssen auch die Konsequenzen derselben anerkannt werden. Ist nämlich dem Verletzten das Recht eingeräumt, daß es von seinem Willen abhängen solle, ob eine Strafverfolgung wegen des an ihm begangenen Verbrechen eintreten dürfe, so ist damit dem Verletzten ein Verzichtrecht mit Bezug auf die Strafverfolgung gewährt worden. Dieses Verzichtrecht ist als eine kriminalprozessualische Anomalie jedenfalls strikt zu interpretiren, und mindestens so strikt, daß man dieses strafprozessualische Verzichtrecht nicht weiter ausdehnen darf, als man sonst in irgend einem Rechtsgebiete das Verzichtrecht auszudehnen befugt ist. Um auf unsern Rechtsfall zurückzukommen, so wird niemand behaupten mögen, daß der Civilklage des Fiskus auf Entschädigung dadurch präjudizirt werden würde, daß der Bestohlene auf die für ihn durch den Diebstahl begründete Entschädigungsklage verzichtet. Und doch soll ein Verzicht auf die Strafverfolgung seitens des Bestohlenen auch einen Verzicht enthalten auf die Strafverfolgung, welche der Fiskus wegen des an ihm begangenen Verbrechens erheben könnte, falls nicht der Staatsanwalt ex officio in diesem Falle einschreiten müßte? Kann die Sache dadurch geändert werden, daß wegen der am Fiskus begangenen Verbrechen nicht erst der Antrag desselben auf Strafverfolgung abzuwarten ist, sondern der Staatsanwalt auch ohne einen solchen Antrag die Anklage erheben muß? So lange ich alle diese Fragen nicht bejahen kann, werde ich in dem eben Ausgeführten eine, wie ich glaube, nicht unerhebliche Stütze für die Richtigkeit meiner Entscheidung erblicken dürfen.

IV. Falsche Denunciation zum Zwecke des Betruges. Temme II. S. 284. Johann R. und seine Ehefrau hatten von dem Sebastian B. ein Darlehn von 1500 Fl. erhalten und darüber am 14. Juli 1851 eine Schuldurkunde ausgestellt, welche der

Gläubiger auf ihr Immobiliarvermögen hatte grundbuchlich versichern lassen. Später trat Johann R. bei der betreffenden Staatsanwaltschaft mit der falschen Anzeige gegen den Sebastian B. auf, daß dieser jene Schuldurkunde gefälscht, und gar kein Darlehen hergegeben habe. Die Falschheit dieser Anzeige wurde ermittelt, und Johann R. zur Untersuchung gezogen. Das Gericht nahm als feststehend an, Johann R. habe die falsche Anzeige gemacht, um den Sebastian B. in eine strafgerichtliche Untersuchung zu bringen, und sich von der Rückzahlung des schuldigen Darlehns zu befreien. Es verurtheilte danach den Angeschuldigten wegen Verleumdung (falscher Denunciation) und zugleich wegen versuchten Betruges. Auf die eingelegte Nichtigkeitsbeschwerde vernichtete der Cass.-Hof zu Wien (27. Okt. 1853) und verurtheilte nur wegen Verleumdung.

In den Entscheidungsgründen wird es als ein Fehler gerügt, daß das Landesgericht „eine und dieselbe Handlung des Angeklagten nach der Verschiedenheit der Absicht desselben als ein zweifaches Verbrechen erkannte," worauf zu erwiedern ist, daß eben weil eine zweifache Absicht des Angeklagten festgestellt war, unmöglich nur von einer Handlung desselben die Rede sein konnte, vielmehr zwei Handlungen angenommen werden mußten. Damit ist der Fehler bezeichnet, der sich durch die Entscheidungsgründe des Wiener Kassationshofes hindurchzieht. Ich führe von denselben nur den Schluß an: „Im vorliegenden Falle war das Uebel, welches der Angeklagte zunächst bedacht und beschlossen, daher beabsichtigt hat, den Sebastian B. durch die Anschuldigung eines angedichteten Verbrechens einer obrigkeitlichen Untersuchung oder Nachforschung auszusetzen, und hierin liegt das Verbrechen der Verleumdung, welches deshalb nicht zugleich als das Verbrechen des versuchten Betruges angesehen werden kann, weil er hoffte und beabsichtigte, auf diesem Wege auch von der Zahlung der schuldigen Summe befreit zu werden; denn müßte bei der Beurtheilung einer verbrecherischen That auch auf die endliche Absicht, welche der Thäter nebst dem mit den Verbrechen insgemein verbundenen Uebel zu erreichen suchte, Rücksicht genommen werden, so müßte die an sich verbrecherische That dann straflos bleiben, wenn die Endabsicht des Thäters eine gute gewesen wäre, z. B. um von dem gestohlenen Gelde Arme zu unterstützen." Diese Stelle mag zeigen, bis zu welchem Grade der Kritiklosigkeit es möglich ist, die Begriffe „Absicht" und „Zweck" mit einander zu confundiren. Wenn festgestellt ist, der Angeklagte habe den Betrug beabsichtigt, so kann diese Absicht, wenn sie anders in soweit realisirt worden ist, daß von strafbarem Versuche des Betruges gesprochen werden kann, dadurch nicht beseitigt werden, daß zur Realisirung dieser Absicht ein anderes Verbrechen, die falsche Denunciation beabsichtigt und begangen wurde.

V. Urkundenfälschung zu dem Zwecke begangen, um die Unterschlagung zu verdecken. Goltd. Archiv I. S. 576. „Der Angeklagte hat einen zur Abgabe an B. ihm überlieferten Geldbrief unterschlagen, und zum Zwecke, die Ablieferung des Geldbriefes an B. nachzuweisen, den Postschein verfälscht und der Postbehörde übergeben.

Der Schwurgerichtshof straft den Angeklagten in realer Konkurrenz nach § 56 wegen Unterschlagung und wegen Urkundenfälschung.

Das Urtel ist auf die Beschwerde des Angeklagten durch das Urtel des Ober-Tribunals vom 24. Juni 1853 in Sachen wider Hilgendorf in soweit vernichtet, weil die Handlungen des Angeklagten nur als ein zusammenhängendes Ganzes aufzufassen seien. Deshalb ist nur ideale Konkurrenz nach § 55 als anwendbar erachtet, und der Angeklagte nur mit der Strafe des schwersten Verbrechens, der Urkundenfälschung, belegt."

Zunächst ist darauf aufmerksam zu machen, daß die Urkundenfälschung nicht blos formell als ein selbständiges Verbrechen aufzufassen ist, sondern daß dieselbe ein materiell selbständiges Verbrechen ist. Ebenso wie beim Meineide das angegriffene Objekt das Beweismittel des Eides, ebenso ist bei der Urkundenfälschung das angegriffene Objekt das Beweismittel der Urkunde. Die verbrecherische Handlung der Urkundenfälschung besteht darin, daß in der Absicht das Beweismittel der Urkunde zu verfälschen, entweder eine ächte Urkunde verfälscht, oder eine falsche Urkunde angefertigt wird. Auf diesen Thatbestand der Urkundenfälschung bezieht sich der ganze dreiundzwanzigste Titel des Preußischen St.-G.-B. und wird an demselben dadurch nichts geändert, daß neben dieser Urkundenfälschung — im weiteren Sinne des Wortes — in den §§ 247 ff. noch von einer speciellen Art der Urkundenfälschung gehandelt wird, welche letztere dadurch qualificirt ist, daß zu dem allgemeinen Thatbestande der Urkundenfälschung noch das Moment hinzugesetzt ist: „in der Absicht, sich oder Anderen Gewinn zu verschaffen, oder Anderen Schaden zuzufügen." Es wäre gut gewesen, wenn statt der Worte: „in der Absicht, sich oder Anderen" ꝛc. gesagt wäre: „um sich oder Anderen" ꝛc. Denn die Absicht ist bei der Urkundenfälschung nicht darauf gerichtet, Vermögensrechte zu beschädigen, sondern vielmehr darauf, ein Beweismittel zu fälschen. Dieser Absicht kann das Motiv der Gewinnsucht zu Grunde liegen, es kann der zu hoffende Gewinn oder der zu fürchtende Schaden, die Veranlassung gewesen sein, um die Absicht der Urkundenfälschung entstehen zu lassen. Diese qualificirte Art der Urkundenfälschung unterscheidet sich also von der nicht qualificirten durch das Motiv. Mag man immerhin dieses Motiv animus lucrifaciendi oder animus nocendi nennen, das Motiv wird dadurch doch nicht Absicht. —

Nachdem dieses voraufgeschickt, wende ich mich zu dem Rechtsfall. Der Angeklagte hatte einen Geldbrief unterschlagen, und hatte zur Verdeckung dieses Delikts eine Urkundenfälschung begangen. Man könnte einen Augenblick zweifeln, ob diese Urkundenfälschung den Erfordernissen des § 247, hinsichtlich des gewinnsüchtigen Motivs genüge, da ja der erstrebte Gewinn — der Inhalt des Geldbriefes — nicht durch die Urkundenfälschung, sondern durch die derselben voraufgegangene Unterschlagung erlangt werden sollte und auch wirklich erlangt worden ist. Da indessen Gewinnsucht auch dann angenommen werden muß, wenn sich Jemand einem Nachtheil entziehen will, dem er sich rechtmäßigerweise unterwerfen muß (vergl. Oppenhoff zu § 247 n. 14), in dem vorliegenden Falle aber die Urkundenfälschung auch den Zweck verfolgte, sich der Restitutionspflicht des unterschlagenen Geldes zu entziehen, so kann es keinem Zweifel unterliegen, daß abgesehen von der Unterschlagung der volle Thatbestand der Urkundenfälschung gegen den Angeklagten vorliegt. — Niemand wird behaupten wollen, die von dem Angeklagten begangene Unterschlagung könne alsdann straflos werden, wenn derselbe zum Zwecke der Verheimlichung dieses Deliktes und zur Sicherung der aus demselben erlangten Vortheile keine strafbare Handlung begeht. Wenn dagegen, so sagt das Ober-Tribunal, der Angeklagte zu gleichem Zwecke eine Urkundenfälschung begeht, so soll die begangene Unterschlagung dadurch straflos werden. Reue würde nicht im Stande sein, die Schuld zu vernichten, aber Schuld auf Schuld gehäuft kann Schuld vernichten! —

Selbst der Wortlaut der Entscheidungsgründe „weil die Handlungen des Angeklagten nur als ein zusammenhängendes Ganze aufzufassen sind," widerspricht der Bestimmung des § 55. Denn dieser § spricht nicht von mehreren Handlungen, welche irgendwie zu einem Ganzen verbunden werden könnten, sondern von einer Handlung. Mußte daher einerseits das Ober-Tribunal anerkennen, der Angeklagte habe mehrere Handlungen begangen und wollte dasselbe den § 55 in Anwendung bringen, so hätten die Entscheidungsgründe nur lauten dürfen: „da die mehreren Handlungen des Angeklagten nur eine Handlung sind."

VI. Gewerbepolizei-Kontravention und Gewerbesteuer-Kontravention. Goltd. Archiv II. S. 819. Die Angeklagte ist auf Grund des § 177 der Gewerbe-Ordnung vom 17. Januar 1845 durch den Polizeirichter zu 32 Rthlr. Geldstrafe verurtheilt, weil sie ohne polizeiliche Erlaubniß und ohne Entrichtung der Gewerbesteuer von dem Vermiethen möblirter Zimmer ein Gewerbe gemacht hat. Der Steuer-Betrag ist auf 12 Rthlr. angegeben. Der Appellationsrichter hat die Strafe auf 5 Rthlr. festgesetzt, und dabei den Grundsatz, daß jedenfalls die verwirkte Gewerbesteuerstrafe überstiegen werden müsse, verworfen. — Das Ober-Tribunal hat das erste Urtheil wiederhergestellt unter Berufung auf § 177 der Gewerbe-Ordnung, weil dieser § „für den Fall des Zusammentreffens einer Gewerbepolizei-Kontravention und einer Gewerbesteuer-Kontravention ausdrücklich bestimmt, daß neben der Strafe für die Gewerbepolizei-Kontravention nicht außerdem noch auf eine Steuerstrafe erkannt, aber darauf bei Abmessung der Strafe Rücksicht genommen werden soll; daß demnach beide Vergehen zu bestrafen sind, und die zu erkennende Strafe höher sein muß, als die durch das geringste Vergehen — hier die Steuer-Defraudation —

verwirkte Strafe." Danach enthielte dann § 177 cit. eine Modifikation des St.-G.-B. § 55 welcher letztere zur Anwendung hätte kommen müssen, falls die Bestimmung jenes § 177 nicht vorhanden gewesen wäre. — Aber ich glaube, die Sache verhält sich in Wahrheit anders. Jede Steuerforderung, welche von dem Verpflichteten umgangen wird, begründet für den Staat eine obligatio ex delicto. Jede Forderung beruht auf einem besonderen Titel, ist also eine für sich bestehende Forderung. Es ist undenkbar, daß wenn ich ein mir zustehendes Forderungsrecht geltend gemacht habe, mir dadurch die Geltendmachung eines mir ebenfalls zustehenden sollte entzogen werden können. Falls also § 177 cit. nicht existirte, würde, da § 56 al. 2 das starre Kumulationsprinzip nur für Freiheitsstrafen mildert, nach § 56 al. 1 auf den vollen Betrag beider verwirkten Defraudationsstrafen zu erkennen gewesen sein. Somit glaube ich in dem § 177 cit. nicht eine Modifikation des Str.-G.-B. § 55, sondern vielmehr eine Modifikation des Str.-G.-B. § 56 wahrnehmen zu müssen. —

VII. Verletzung der Beamten zum Zwecke des Widerstandes gegen die Obrigkeit. Temme II. S. 282. Eine zusammengerottete aufrührerische Menge hatte zugleich die gegen sie geschickten Gensd'armen gebunden und gefänglich eingehalten. Das Landesgericht hatte wegen Aufruhrs (Oesterreich § 68. „Die Zusammenrottung mehrerer Personen, um der Obrigkeit mit Gewalt Widerstand zu leisten, ist das Verbrechen des Aufstandes") und wegen öffentlicher Gewaltthätigkeit durch Freiheitsberaubung bestraft. Der Cassationshof zu Wien vernichtete und bestrafte nur wegen Aufruhrs.

In den Entscheidungsgründen ist folgender Passus bemerkenswerth: „Wenn die Thäter sich nicht begnügten, die Gensd'armen blos zu entwaffnen, zu mißhandeln und festzuhalten, sondern es auch unternahmen, sie zu binden und gefänglich anzuhalten, so lag ja eben hierin die Summe der von ihnen ausgeübten Gewaltthaten, welche, in Absicht auf denselben strafbaren Zweck vollbracht, nur demselben Strafgesetze unterzogen werden können, wenn es auch wahr ist, daß die gleichzeitige Verübung anderer Verbrechen, Mord und Todtschlag allerdings nicht zum Thatbestande des Verbrechens der öffentlichen Gewaltthätigkeit gehören und die Anwendung der auch für diese Verbrechen bestimmten Strafen nicht hindern würde." In dem Mitgetheilten liegt die Schwierigkeit angedeutet, welche sich der Entscheidung dieser und ähnlicher Fälle entgegenstellt. — Aufruhr ist ein Verbrechen gegen den Staat, Freiheitsentziehung ein Verbrechen gegen eine einzelne Person. Wegen der Verschiedenheit der angegriffenen Rechtssubjekte können somit diese beiden Verbrechen nicht in einer Absicht zusammengefaßt werden und hieraus würde mit Nothwendigkeit folgen daß nicht ein sondern zwei Verbrechen zu strafen seien. — Dagegen ist nun aber geltend zu machen, daß die gegen den Staat gerichtete Absicht, sich gar nicht anders manifestiren **kann**, als in Angriffen gegen die Beamten des Staates. So weit also der Beamte angegriffen werden **muß**, damit ein Angriff gegen den Staat stattfinden kann, wird man nicht davon sprechen **können**, daß die Absicht vorhanden gewesen sei, diese Person zu verletzen. Denn die Absicht setzt vollständige Freiheit des Willens voraus, welche hier nicht angenommen werden kann, weil, wenn ich dem Staat Widerstand leisten **will**, ich den Widerstand gegen seine Beamten richten **muß**, selbst wenn ich diese Personen an und für sich gar nicht angreifen wollte. Dieser Gesichtspunkt für sich allein in seine Konsequenzen verfolgt, würde zu dem Resultate führen, daß, gleichviel welche Gewaltthätigkeiten gegen den Beamten verübt würden, so lange dieselben eben nur gegen den Beamten als Beamten gerichtet sind, sie niemals als selbständige Verbrechen, sondern immer nur als Ausführungsmittel des Aufruhrs aufgefaßt werden dürften; d. h. obwohl der Staat den Aufruhr straft, müßte er doch während des Aufruhrs seinen Unterthanen ein gewisses Kriegsrecht gegen sich selbst zugestehen. — Das ist nun allerdings vollkommen undenkbar, und so hat denn auch der Wiener Cassationshof ganz gewiß Recht, wenn er sagt, Mord und Todtschlag würden immer als selbständige Verbrechen gegen die einzelnen Persönlichkeiten begangen, neben dem Aufruhr zu strafen sein. — Vereinigen wir nun jenen ersteren mit diesem letzteren Gesichtspunkte, so dürfte sich ergeben, daß einzelne Verletzungen des Beamten nicht selbständig gestraft werden dürften, weil sonst überhaupt das Verbrechen des Aufruhrs für sich allein niemals Existenz gewinnen könnte, daß aber keineswegs alle im

Aufruhr begangenen Angriffe gegen die Beamten straflos sein können, weil dieses ein zwischen dem Staate und seinen eigenen Unterthanen bestehendes Kriegsrecht voraussetzen würde, vielmehr einige dieser Angriffe selbständig gestraft werden müssen. — Aber freilich, welche dieser gegen Beamte ausgeübten Verletzungen noch als bloße Mittel des Aufruhrs, welche dagegen schon als selbständige Verbrechen zu betrachten sind, das zu bestimmen ist Aufgabe der Gesetzgebung. — Nehmen wir auf das Preußische Strafgesetzbuch Rücksicht, so bestimmt § 91: „Wenn mehrere Personen öffentlich sich zusammenrotten und mit vereinten Kräften die in den §§ 89 und 90 genannten Handlungen verüben, so werden dieselben wegen Aufruhrs mit Gefängniß nicht unter sechs Monaten bestraft; auch kann gegen sie auf Stellung unter Polizei-Aufsicht erkannt werden. Diejenigen Theilnehmer, welche Gewaltthätigkeiten gegen Personen oder Sachen verüben, werden mit Zuchthaus bis zu zehn Jahren und Stellung unter Polizei-Aufsicht bestraft." Aber durch diese Bestimmung wird der eben erwähnte Zweifel gar nicht beseitigt. Denn was die Zurückbeziehung auf die §§ 89 und 90 betrifft, so kommen wir dadurch nicht erheblich weiter. Die dort bedrohten Handlungen sind: einen Beamten während der Vornahme einer Amtshandlung angreifen, oder demselben durch Gewalt oder Drohung Widerstand leisten (§ 89) — und: eine Behörde oder einen Beamten durch Gewalt oder Drohungen zwingen, resp. zu zwingen versuchen, eine Amtshandlung vorzunehmen oder zu unterlassen; diese Bestimmungen lassen es aber durchaus zweifelhaft, wann ein Angriff nur Angriff und wann selbständiges Verbrechen ist; ebenso welche Gewalt nichts als Mittel zu den §§ 89 und 90 bedrohten Verbrechen ist, welche dagegen als selbständiges Verbrechen zu strafen ist. Die Schlußbestimmung zu § 91 zeigt allerdings, daß lange nicht alle Gewaltthätigkeiten gegen Personen nur als Mittel des Aufruhrs aufgefaßt werden können; es folgt dies aus dem Strafmaximum von 10 Jahren Zuchthaus, da sich unmöglich denken läßt, es werde z. B. eine Verstümmelung (Str.-G.-B. § 193. — Strafe bis 15 Jahr Zuchthaus) deshalb verringert worden sein, weil sie ein Mittel zum Aufruhr abgab. Oppenhoff n. 12 zu § 91 will unter diesen Gewaltthätigkeiten nur diejenigen verstehen, von denen auch §§ 89 und 90 sprechen, und die auch zum Thatbestande des Aufruhrs an und für sich erforderlich sind — eine Aeußerung, wodurch die Sache ebenso unbestimmt bleibt, wie auch durch die zu § 89 n. 29 mitgetheilte Definition der Gewalt. Falls eine richtige Theorie der Verbrechenskonkurrenz angewandt wird, so kann diese Frage natürlich nicht dadurch entschieden werden, ob die beim Aufruhr vorkommenden Gewaltthätigkeiten an sich mit einer leichteren oder schwereren Strafe als der Aufruhr bedroht sind, da, sobald eine selbständige Verletzung des Beamten angenommen wird, nicht blos mit Bezug auf eins, sondern unter Berücksichtigung zweier nach der Vorschrift des § 56 Str.-G.-B. mit einander verbundenen Gesetzen die Strafe zu bestimmen sein würde.

VIII. Majestätsbeleidigung zu dem Zwecke um einen Hochverrath zu fördern. Temme III. S. 257. „Von dem Oberhofgericht in Mannheim wurde in mehreren Fällen der Grundsatz ausgesprochen, daß, wenn durch Schmähungen, welche an und für sich den Thatbestand einer Majestätsbeleidigung begründen würden, zunächst und hauptsächlich nur der Zweck erreicht werden sollte, durch Herabwürdigung und Verächtlichmachung der Fürsten überhaupt und des Großherzogs die Treue des Volkes zu erschüttern um auch durch dieses Mittel einer hochverrätherischen Unternehmung Vorschub zu leisten, nur der Thatbestand einer Theilnahme am Hochverrath und nicht zugleich eine Majestätsbeleidigung vorliege." —

Wenn die Majestätsbeleidigung ein dem Inhalte nach von dem Hochverrathe verschiedenes Verbrechen ist, d. h. wenn das Angriffsobjekt der Majestätsbeleidigung ein anderes ist als das des Hochverrathes, wenn mithin auch die Absicht bei diesem Verbrechen eine andere sein muß als bei jenem — und daß dieses der Fall ist, dafür ist ein weiterer Beweis nicht erforderlich — so muß der Grundsatz des Oberhofgerichtes zu Mannheim als ein unrichtiger bezeichnet werden. Denn die Strafbarkeit der Theilnahme an einem Verbrechen kann die Urheberschaft eines anderen Verbrechens nicht straflos machen. B. will einen Diebstahl, der von A. begangen wird, unterstützen. Zu diesem Zwecke begeht er eine Brandstiftung. Nach der Ansicht des Mannheimer Gerichts würde er nur wegen der Theilnahme am Diebstahle zu strafen sein, während zweifellos die Absicht, Urheber einer Brandstiftung und die Absicht, Theilnehmer eines Diebstahls zu sein, zwei verschiedene, in einer rein äußerlichen Verbindung stehende Verbrechen begründen, von denen nicht einzusehen ist, wie sie nur als eine Handlung sollten aufgefaßt werden können. —

Durch die vorstehende Kasuistik glaube ich gezeigt zu haben:

1. Daß die Verletzung des Grundsatzes: So viele Verbrechen, so viele Handlungen, zu einer vollständigen Unsicherheit und Prinziplosigkeit der rechtlichen Entscheidungen geführt hat.

2. Daß die Durchführung des Grundsatzes: So viele Verbrechen, so viele Handlungen eine sichere Grundlage für richtige Entscheidungen darbietet; daß demnach

3. diejenige Praxis aufzugeben ist, welche die beiden eben besprochenen Fälle der wahren Verbrechenskonkurrenz als ideelle Konkurrenz behandelt, daß namentlich auch die Preußische Praxis auf diese Fälle Str.-G.-B. § 55 anzuwenden nicht berechtigt ist.

Wollte man einwenden, die Anwendung des Str.-G.-B. § 56 auf die eben besprochenen Fälle würde zu Strafhärten führen, so könnte ich diesen Einwand in der einfachsten Weise dadurch beseitigen, daß der Richter sich um nichts weiter zu kümmern hat, als das bestehende Strafgesetz richtig anzuwenden. Ebensowenig wie die Geschwornen durch ihr Verdikt ein Begnadigungsrecht ausüben dürfen, ebensowenig darf dieses der Richter, und die schlechteste Art der Begnadigung ist gewiß diejenige, welche in einer falschen Anwendung des Strafgesetzes beruht. Aber ein Blick auf die Strafbestimmungen der §§ 56 (incl. der Zusatzbestimmung des Gesetzes vom 9. März 1853) und 57 lehrt schon, daß diese Härten sich höchstens bei der Feststellung der Geldstrafen, Untersagung der Ausübung der bürgerlichen Ehrenrechte und Stellung unter Polizeiaufsicht ergeben können. Denn in allen übrigen Fällen sind Abweichungen von dem strengen Kumulationsprinzip zulässig. Der Einwand der Strafhärte würde somit selbst bei den gegenwärtig bestehenden gesetzlichen Bestimmungen in den bei weitem meisten Fällen sich als ein vollkommen grundloser ergeben. Es ist aber noch das in § 56, 57 enthaltene Bestrafungsprinzip selbst einer Kritik zu unterwerfen.

§ 12.

Entwickelung des Bestrafungsprinzipes für die Fälle der wahren Verbrechenskonkurrenz.

Von dem starren Kumulationsprinzip, welches Str.-G.-B. § 56 anfänglich für die Fälle der wahren Konkurrenz aufstellte, machte schon das Str.-G.-B. am 14. April 1851 selbst einzelne Ausnahmen. Diese überhaupt zu erwähnen, veranlaßt mich ein Urtheil des Ober-Tribunals, mitgetheilt in Goltd. Archiv II. S. 829. Der Fall ist folgender:

„Der Angeklagte ist durch Urtel vom 27. Januar 1854 wegen einer im September 1853 verübten Meuterei zu 2 Jahren Zuchthaus, und sodann durch Urtel vom 28. April 1854 wegen mehrerer vor jener Zeit verübten Diebstähle zu 20 Jahren Zuchthaus verurtheilt. Der Ober-Staatsanwalt und der Angeklagte legen die Nichtigkeitsbeschwerde gegen das letztere Urtel ein wegen Verletzung der §§ 10, 57 No. 1 des Strafgesetzbuches. Denn die Meuterei, wegen welcher auf jene 2 Jahre Zuchthaus erkannt worden, falle der Zeit nach hinter die Diebstähle, über welche jetzt erkannt worden. Wäre daher die gegenwärtige Sache (wegen der Diebstähle) mit der Meuterei gleichzeitig zur Entscheidung gekommen, so hätte die Vorschrift des § 57 No. 1 Platz greifen müssen und der Angeklagte für sämmtliche Verbrechen zusammen nur 20 Jahre Zuchthaus erhalten dürfen, während jetzt auf 22 Jahre erkannt sei. Er dürfe unter dem Zufalle, daß in zwei verschiedenen Urteln gegen ihn erkannt sei, nicht leiden. Der Ober-Staatsanwalt beantragt daher, nur auf 18 Jahre Zuchthaus wegen der Diebstähle zu erkennen.

Die Nichtigkeitsbeschwerde ist indeß durch das Urtel des Ober-Tribunals vom 12. Oktober 1854 wider Köting zurückgewiesen, in Erwägung, daß die Schlußbestimmung des § 96 des Strafgesetzbuches:

Die Strafe der Meuterei soll unabhängig von der Strafe des Verbrechens oder Vergehens, wegen dessen die Meuterer verurtheilt sind, ausgesprochen und unmittelbar nach dieser Strafe vollstreckt werden,

eine besondere Ausnahme von dem in No. 1 des § 57 aufgestellten Grundsatze, daß, wenn auf mehrere zeitige Freiheitsstrafen vereinigt zu erkennen ist, in dieser Vereinigung niemals die Dauer von 20 resp. 10 Jahren überschritten werden darf, enthält; daß es deshalb gerechtfertigt erscheint, nicht allein, daß von dem Schwurgerichtshofe durch Erkenntniß vom 27. Januar 1854 gegen den Angeklagten die von demselben wegen Meuterei erkannte Zuchthausstrafe besonders und unabhängig verhängt worden ist, sondern auch, daß die Abmessung der in dem jetzt angefochtenen Erkenntnisse desselben Gerichtshofes vom 28. April 1854 gegen den Angeklagten ausgesprochene Zuchthausstrafe in der Art stattgefunden hat, daß dabei die wegen der Meuterei erkannte Strafe nicht weiter in Berücksichtigung gekommen ist." (Vergl. Oppenhoff zu § 96, 2. 25.)

Diese Ansicht des Ober-Tribunals, daß die Schlußbestimmung des § 96 eine Ausnahme enthalte von der Bestimmung des § 57 No. 1 ist ganz gewiß unrichtig. Denn möglich wäre dieses nur, wenn § 96 al. 3 überhaupt von Konkurrenz spräche, was indessen durchaus geleugnet werden muß. Der § 96 setzt doch nach dem klaren Wortlaute des Gesetzes voraus, daß die Meuterer bereits zu einer Strafe verurtheilt waren, d. h. es muß ein der Meuterei voraufgehendes Straferkenntniß existiren, falls § 96 al. 3 anwendbar sein kann. Also z. B.: NN. ist wegen Raubes zu 10 Jahren Zuchthaus verurtheilt und während der Verbüßung dieser Strafe macht er sich der Theilnahme an einer Meuterei schuldig. Auf diesen findet § 96 al. 3 Anwendung, aber Niemand wird behaupten wollen, daß in diesem Falle Konkurrenz von Raub und Meuterei vorliege, da eine wesentliche Voraussetzung für den Begriff der Konkurrenz die ist, daß diejenigen Verbrechen, welche in Konkurrenz treten sollen, sämmtlich begangen sein müssen, ehe wegen eines oder mehrerer derselben eine Verurtheilung erfolgte. Oben (§ 6) wurde dieser Gedanke so ausgedrückt: Die mehreren Verbrechen dürfen nicht durch eine Verurtheilung getrennt sein. — In dem angeführten Beispiele sind aber gerade Raub und Meuterei durch die Verurtheilung wegen des Raubes getrennt. — Hätte nun NN. noch ehe er wegen des von ihm begangenen Raubes verurtheilt wurde, noch andere Verbrechen begangen — z. B. zwei schwere Diebstähle, eine Erpressung und eine Brandstiftung (§ 286) — und kämen diese Verbrechen zur Aburtheilung während auch über die Bestrafung der Meuterei verhandelt wird, so sind auch diese Verbrechen mit der Meuterei in keinem Falle konkurrent, weil zwischen der Begehung dieser Verbrechen und der Meuterei die Verurtheilung wegen des Raubes dazwischen liegt. Vielmehr muß die Sache in diesem Falle folgendermaaßen angegriffen werden: Es konkurriren Raub, zwei schwere Diebstähle, eine Erpressung, eine Brandstiftung (§ 186); denn alle diese Verbrechen hatte der Thäter begangen, ehe die Verurtheilung wegen eines dieser Verbrechen, des Raubes, ausgesprochen war. — Für alle diese Verbrechen ist unter Berücksichtigung der §§ 56, 57 des Str.-G.-B. die Strafe zu bestimmen. Angenommen die Strafe werde auf 20 Jahre Zuchthaus arbitrirt. Da nun vorher schon wegen eines dieser Verbrechen, wegen des Raubes, 10 Jahre Zuchthaus erkannt waren, so kann jetzt zu diesen 10 Jahren nur noch eine Zusatzstrafe von 10 Jahren Zuchthaus erkannt werden (art. 131. Gesetz vom 3. Mai 1852). Hinsichtlich dieser zu verbüßenden Strafe von 20 Jahren Zuchthaus tritt § 96 al. 3 ein, d. h. es wird jetzt noch bestimmt, wie hoch sich die Strafe für die Meuterei belaufen solle; diese Strafe wird unabhängig von den schon verwirkten 20 Jahren erkannt und unmittelbar nach Verbüßung derselben vollstreckt. — Demnach mußte auch in dem der Cognition des Ober-Tribunals vorliegenden Falle gesagt werden: Die Diebstähle, welche vor der Meuterei begangen sind, sind in Konkurrenz zu setzen mit demjenigen Verbrechen, zu welchem der Verbrecher bereits verurtheilt war. Für diese Verbrechen darf die Strafe 20 Jahre Zuchthaus nicht übersteigen (§ 57 No. 1); aber abgesehen von dieser Strafe ist die mit dem vorhergehenden Verbrechen in keiner Weise konkurrirende Meuterei selbständig zu strafen und diese Strafe nach der Anleitung des Str.-G.-B. § 96 al. 3 zu vollziehen. —

Also die Ausnahmen gegen das starre Kumulationsprinzip, welche in § 57 aufgestellt wurden, werden durch Str.-G.-B. § 96 in keiner Weise geändert. — Bekanntlich wurden aber diese Ausnahmen des § 57 durch Gesetz vom 9. März 1853 (jetzt Str.-G.-B. § 56 al. 2) um ein Bedeutendes erweitert. „Es kann jedoch, insoweit es sich um Freiheitsstrafen handelt, die Dauer derselben bis auf das Maaß der für das schwerste Verbrechen oder Vergehen bestimmten Freiheitsstrafe herabgesetzt werden." — Diese Abweichung von dem Kumulationsprinzipe hinsichtlich der Freiheitsstrafen wird gewöhnlich — auch Hälschner (S. 516) thut dies — dadurch motivirt, daß „durch die Vereinigung mehrerer Strafen die Intensität derselben wächst, und daß das Quantum einer bestimmten Strafart durch Zusammenrechnen nicht eine Höhe erreichen darf, in welcher es das richtige Verhältniß zu der qualitativen Bedeutung der Strafart und zu dem beschränkten Maaße des rechtlichen Gutes, welches Objekt des Strafzwanges ist, verliert." Mittermaier n. IV. zu Feuerbach § 126 drückt dies in folgender Weise aus: „Ein Zusammenrechnen aller verwirkten Freiheitsstrafen würde ungerecht werden, weil durch ein Addiren aller zu verschiedenen Zeiten verdienten Strafübel die Intensität des Strafübels nicht in arithmetischer, sondern in geometrischer Progression gesteigert würde, was eine Ungerechtigkeit begründete." — Ich glaube nicht, daß diese Theorie das unzweifelhafte Bedürfniß der Praxis von dem Kumulationsprinzip mehr oder minder abzuweichen in ausreichender Weise erklärt. Nehmen wir zunächst auf die Geldstrafen Rücksicht, so würde dem etwaigen Uebelstande, des Zahlens einer größeren Summe auf einmal, dadurch abzuhelfen sein, daß Theilzahlungen gestattet würden; mehr wäre nicht nöthig, um die behauptete Ungerechtigkeit der Kumulation zu beseitigen. Es bedarf aber keines weiteren Beweises, daß dieses praktisch unthunlich wäre. Hinsichtlich der Freiheitsstrafen dagegen, würde auch nur verlangt werden dürfen, daß, wenn die Aufeinanderfolge verschiedener Freiheitsstrafen in geometrischer Progression wirkt, die einzelnen Freiheitsstrafen in Zwischenräumen vollstreckt würden. Es würde dann aber trotz der nicht mehr in geometrischer Progression wirkenden Freiheitsstrafen das Uebel für den Verurtheilten leicht größer sein, als wenn er in ununterbrochener Dauer die Strafe verbüßte. Und überdem ist es gar keine ausgemachte Sache, daß die länger dauernde Strafe successive immer intensiver wirke, denn ich glaube behaupten zu dürfen, daß, wie jedes Uebel, so auch das Strafübel gerade durch die Dauer, durch die Gewohnheit an seiner Schmerzhaftigkeit allmälig etwas verliert. — Doch das mag dahingestellt bleiben; jedenfalls gewinnen wir durch die Redewendung, durch das Addiren der mehreren Freiheitsstrafen, wachse die Intensität derselben nicht in arithmetischer, sondern in geometrischer Progression, nichts weiter, als die Möglichkeit nach ungefährem Belieben irgend etwas von der gefundenen Summe zu streichen. — Der Ausdruck zwar klingt mathematisch, es läßt sich aber in Wahrheit nichts rechnen. Sollte dieses nämlich möglich werden, so müßte zunächst bekannt sein, wie viel diejenige Strafzeit beträgt, von welcher sich annehmen läßt, daß sie mit gleichmäßiger Intensivität wirke. Schon dieses wird sich nicht feststellen lassen. Außerdem aber müßte noch bekannt sein, um wie viel schwerer der zweite Straftheil wirke als der erstere. Dann würde es möglich werden zu rechnen, d. h. man könnte sagen: Die einzelnen zu kumulirenden Freiheitsstrafen betragen: $a+a+a+a+$ 2c. $= n$ (arithmetische Progression). Da nun aber, wenn wirklich n Jahre Freiheitsstrafe als das Resultat einer arithmetischen Progression erkannt werden, die Wirkung eintreten würde, als ob statt $a+a+a+a$, — $a+a^{m}+a^{m^2}+a^{m^3}$ erkannt werden wäre, so müßte eine geometrische Progression von derselben Anzahl Glieder aufgestellt werden, deren Summe gleich wäre der Summe der arithmetischen Progression. Man müßte also sagen $n = a+a+a+a$; $n = \alpha+\alpha^{m}+\alpha^{m^2}+\alpha^{m^3}$ und dann müßte unter Fortlassung der Faktoren dieser geometrischen Reihe $\alpha+\alpha+\alpha+\alpha$ als gerechte Strafe erkannt werden. Abgesehen davon, daß die beiden oben angeführten Erfordernisse für die Aufstellung einer solchen Progression unerfüllbar sind, würde, selbst wenn dieselben erfüllt werden könnten, zur mathematischen Lösung der Aufgabe bei Vorhandensein von nur drei Verbrechen schon eine quadratische Gleichung erforderlich sein, bei vier Verbrechen die Lösung einer Gleichung des dritten, und bei $n+1$ Verbrechen die einer Gleichung des $n$ten Grades. Demgemäß bin ich der Ansicht, daß wir durch Behauptung des in geometrischer Progression wachsenden Strafübels nicht um ein Haar breit weiter gelangen, als wenn und gesagt wird, es sei von der Summe der Strafen ein beliebiges Quantum abzuziehen.

In meiner früheren Arbeit (Archiv III. S. 620 ff.) hatte ich die Nothwendigkeit des Abweichens von dem starren Kumulationsprinzipe in folgender Weise zu begründen versucht. Ich ging von dem Gedanken aus, daß die Strafe mit Bezug auf die objektive Seite des Verbrechens zur Wiederherstellung des durch das Verbrechen bewirkten objektiven Schadens diene, mit Bezug auf die subjektive Seite des Verbrechens dagegen zur Vernichtung der kriminellen Schuld des Thäters. Da nun der aus dem Verbrechen a entstehende Schaden dadurch nicht beseitigt wird, daß das Verbrechen b begangen wird; da vielmehr zu behaupten ist, daß die schädlichen Erfolge beider Verbrechen voll und unverändert bestehen bleiben, bis sie durch den ihnen entsprechenden Straftheil getilgt sind, so folgte daraus Kumulation derjenigen Straftheile der begangenen Verbrechen, welche die Wiederherstellung des bewirkten kriminellen Schadens bezwecken. Dieser Straftheil ist übrigens in denjenigen Gesetzgebungen, welche für den Versuch eine geringere Strafe als für das vollendete Verbrechen aufgestellt haben, sehr leicht zu bestimmen; es ist die Differenz zwischen der Strafe für das vollendete und der für das versuchte Verbrechen. Im Preuß. Strafrechte **kann** glücklicherweise in vielen Fällen noch der Versuch geringer gestraft werden als das vollendete Verbrechen und es hat daher der Richter zu bestimmen, um wie viel er das vorliegende vollendete Verbrechen geringer strafen würde, falls es nur versucht wäre, und er gewinnt auf diese Weise denjenigen Straftheil, welcher zur Wiederherstellung des kriminellen Schadens bestimmt ist. Demgemäß hatte ich in meiner früheren Arbeit (S. 633) den Satz aufgestellt:

> **Bei Bestrafung der Verbrechenskonkurrenz ist, soweit es sich um das objektive Moment der Strafe handelt, das Kumulationsprinzip anzuwenden.**

Daß diese Kumulation noch mit Rücksicht auf die oben bereits besprochene „geometrische Progression" abzuschwächen sei, glaube ich jetzt nicht mehr vertreten zu können und insoweit ändere ich meine frühere Ansicht.

Mit Bezug auf die subjektive Seite des Verbrechens mußte dagegen festgehalten werden, daß die Schuld des Verbrechers in der Differenz seines Einzelwillens mit dem Gesammtwillen bestehe — bei größeren Verbrechen ist diese Differenz eine größere, bei kleineren eine geringere — und daß das einzige Mittel diese kriminelle Schuld zu vernichten, die Strafe ist, woraus von selbst folgt, daß die kriminelle Schuld so lange bestehen bleibt, bis die Strafe erfolgt ist. Daraus ergab sich denn, daß die kriminelle Schuld des Thäters nicht wachsen kann, wenn derselbe vor seiner Bestrafung ein gleich großes oder ein geringeres Verbrechen begeht, daß durch die Vernichtung der Schuld des größten der unbestraften Verbrechen auch die der geringeren mit vernichtet würde. Und demgemäß hatte ich in meiner früheren Arbeit (S. 635) den zweiten Satz aufgestellt:

> Bei Bestrafung der Verbrechenskonkurrenz ist, soweit es sich um das subjektive Moment der Strafe handelt, das Absorptionsprinzip anzuwenden.

Die Kombination dieser beiden Sätze ergab aber als Resultat:

> Bei Bestrafung der Verbrechenskonkurrenz ist das Straffschärfungsprinzip anzuwenden.

Ich muß an dieser Stelle darauf aufmerksam machen, daß durch diese Begründung des Straffschärfungsprinzipes die Erscheinung sich vollkommen erklärt, daß die Konkurrenz der Verbrechen einen Einfluß auf die Bestrafung auch alsdann äußert, wenn eine Gleichzeitigkeit der Bestrafung nicht stattfindet, während diejenige Begründung des Straffschärfungsprinzipes, welche auf der s. g. „geometrischen Progression" basirt, zu ihrer Begründung Gleichzeitigkeit der Bestrafung als ein wesentliches Moment der Verbrechenskonkurrenz fordern, und durch diese Forderung in einen Widerspruch mit dem bestehenden Rechte gerathen muß (Vergl. was über diesen Punkt § 6 a. A. gesagt ist).

Auf diese Bestrafungstheorie, welche ich noch jetzt als eine für die Fälle der wahren Verbrechenskonkurrenz anwendbare aufrecht halte, hat Hälschner mit einigen Bemerkungen Rücksicht genommen. Er sagt S. 518, es liege meiner Ansicht offenbar eine richtige Anschauung der Sache zu Grunde, nur mangele es ihr an der richtigen Begründung und Anwendung auf die verschiedenen Fälle der Konkurrenz. Namentlich sei mit der Behauptung, daß mit der Tilgung der größeren Differenz des verbrecherischen Willens und des Rechtes, zugleich auch jede geringere Differenz getilgt, nicht mehr ausgesprochen als die alte Regel poena major absorbet minorem. Daß dieser Einwand Hälschner's ungegründet ist, liegt auf der Hand. Denn poena major absorbet minorem — die alte Regel — bezieht sich doch auf die ganze Strafe, nicht aber auf einen bestimmt bezeichneten Straftheil. Es hätte also nur behauptet werden können, daß meine Ansicht, hinsichtlich des subjektiven Momentes der Strafe müsse das Absorptionsprinzip angewandt werden, nicht gehörig begründet sei. Aber freilich, auf S. 523 erhält meine Ansicht das Prädikat „durchaus widersinnig." Bemerkenswerth sind die Gründe vermöge deren eine Ansicht, welcher S. 518 noch „offenbar eine richtige Anschauung der Sache zu Grunde lag," plötzlich auf S. 523 in eine durchaus widersinnige verwandelt werden konnte. Es heißt: „Aber es ist durchaus widersinnig, der täglichen Erfahrung und der sittlichen Natur des Menschen widersprechend, wenn man annehmen wollte, daß in jedem Falle, in welchem mehrere zeitlich durchaus geschiedene, noch ungestrafte Verbrechen vorliegen, sie immer nur als einzelne Aeußerungen desselben in ununterbrochener Auflehnung gegen die Rechtsordnung befindlichen Willens zu betrachten wären." Dazu in der Note: „So John a. a. O. S. 634." „Die rechtliche Schuld des Verbrechers besteht allerdings so lange bis sie rechtlich getilgt ist. Daraus folgt aber durchaus nicht, daß er es nicht vermöchte die weitere Schuld eines neuen durchaus selbständigen Rechtsbruches auf sich zu laden." Gesetzt ich hätte dasjenige gesagt, was gesagt zu haben Hälschner von mir behauptet, so wäre es immer ein starkes Stück mir Widersinnigkeit vorzuwerfen, gestützt auf nichts weiter als „die tägliche Erfahrung" und „die sittliche Natur des Menschen." Der Leser mag entscheiden, ob das überhaupt Gründe sind, deren sich ein Jurist nicht etwa zur weiteren Unterstützung eines bereits geführten, sondern zur Begründung eines juristischen Beweises bedienen darf. Aber ich muß weiter anführen, daß ich dasjenige, was mich Hälschner sagen läßt, überhaupt nicht gesagt habe, wenigstens nicht so gesagt habe, als es in der mitgetheilten Stelle steht. Die Worte: „ein in ununterbrochener Auflehnung gegen die Rechtsordnung befindlicher Wille“ wird derjenige, der sich die Mühe nehmen sollte, a. a. O. S. 634 zu vergleichen, ganz vergeblich suchen. — Und trotz der behaupteten Widersinnigkeit giebt mir Hälschner dasjenige vollkommen zu, worauf es mir wesentlich ankommt: „Die rechtliche Schuld des Verbrechers besteht allerdings so lange bis sie rechtlich getilgt ist;“ — denn in der That ich brauche nichts weiter als diesen Satz und die Fähigkeit dessen, der diesen Satz liest, richtige juristische Consequenzen zu ziehen, und meine Behauptung, daß, soweit es sich um das subjektive Moment der Strafe handelt, das Absorptionsprinzip anzuwenden sei, ist erwiesen. Hälschner fährt zwar, unmittelbar nachdem er dieses Zugeständniß gemacht hat, fort: „Daraus folgt aber durchaus nicht, daß er es nicht vermöchte die weitere Schuld eines neuen durchaus selbständigen Rechtsbruches auf sich zu laden.“ Das klingt nun so, als ob ich die hier für unrichtig erklärte Folgerung selbst gezogen hätte, als ob gerade in dieser Folgerung das Widersinnige läge. Doch aber habe ich nirgends in meiner früheren Arbeit diese Folgerung gezogen, konnte es auch nicht gut thun, weil ich, aufrichtig gestanden, von dem Hälschner'schen Rechtsbruch damals noch gar nichts wußte. Und daß ich auch jetzt nicht geneigt sein dürfte, die mir imputirte Folgerung zu ziehen, dafür glaube ich einen hinreichenden Beweis durch dasjenige geliefert zu haben, was ich oben (§ 10) über diesen Rechtsbruch beigebracht habe.

Das Gesagte wird genugsam zeigen, daß ich durch Hälschner's Opposition gegen meine Straftheorie von der Unrichtigkeit derselben nicht überzeugt werden konnte. Indem ich also bei derselben im Allgemeinen stehen bleibe, habe ich nur noch darauf aufmerksam zu machen, daß durch die Begründung meines Strafschärfungsprinzipes zugleich diejenigen Modifikationen mit begründet sind, welche dasselbe erfahren muß. Prüfen wir die Fälle im Einzelnen:

1. Konkurriren zwei vollendete Verbrechen, so kommt das Strafschärfungsprinzip zur Anwendung.

2. Konkurriren zwei versuchte Verbrechen miteinander, so fehlt dasjenige Strafmoment, durch welches die Strafschärfung begründet

wird; denn wo kein Recht in verbrecherischer Weise verletzt ist, kann auch nicht derjenige Straftheil angewandt werden, welcher zur Wiederherstellung des entstandenen kriminellen Schadens dient; es ist also in diesem Falle lediglich zu absorbiren.

3. Konkurrirt ein vollendetes mit einem versuchten Verbrechen, so kommt es darauf an, ob das vollendete oder das versuchte Verbrechen das schwerere ist. Wenn

a. das vollendete Verbrechen das schwerere ist, so wird durch den subjektiven Straftheil desselben auch die geringere Schuld des kleineren versuchten mit absorbirt, es tritt also lediglich die Strafe des vollendeten Verbrechens ein. War aber

b. das versuchte Verbrechen das schwerere, so absorbirt die größere Schuld des versuchten Verbrechens die des kleineren vollendeten, während der zur Wiederherstellung des durch das kleinere Verbrechen entstandenen kriminellen Schadens nothwendige Straftheil unberührt bleibt. Aus der Kombination des objektiven Straftheils des kleineren Verbrechens mit der vollen Versuchsstrafe des größeren versuchten Verbrechens, ergiebt sich dann wieder Strafschärfung.

Dieses hinsichtlich der Konkurrenz doloser Verbrechen. Bei Konkurrenz culposer Verbrechen ist zu erwägen, daß eine Sonderung des objektiven und subjektiven Straftheils höchstens dann möglich ist, wenn die gefährliche Handlung, aus welcher der schädliche Erfolg sich ergab, mit einer selbständigen Strafe belegt ist. Sehen wir von diesen Fällen ab, bei welchen dann ein Unterschied hinsichtlich der Behandlung bei eintretender Konkurrenz gegen die dolosen Verbrechen sich nur darin zeigen würde, daß der überwiegend größere Theil der Strafe zur Wiederherstellung des verbrecherischen Schadens bestimmt ist, so würde sich für die culposen Verbrechen ergeben:

1. Konkurriren mehrere culpose Verbrechen mit einander, so muß kumulirt werden; denn derjenige Straftheil, auf welchen die Absorption von Einfluß ist, existirt gar nicht.

2. Konkurrirt ein doloses mit einem culposen Verbrechen, so muß ebenfalls kumulirt werden; denn es ist zwar bei einem Verbrechen (dem dolosen) ein absorbirbarer Straftheil vorhanden, da-

gegen existirt kein zweites Verbrechen, wodurch das absorbirbare absorbirt werden könnte.

Alle diese Modifikationen ergeben sich aber ganz von selbst aus der Art und Weise wie das Strafschärfungsprinzip begründet wurde. Will man für diese Modifikationen des Strafschärfungsprinzipes Raum lassen, so kann das Gesetz das Strafschärfungsprinzip nur als Regel aussprechen, neben welcher indessen auch die Möglichkeit gelassen werden muß, sowohl absolut zu kumuliren, wie auch absolut zu absorbiren. —

Hätte das preußische Str.-G.-B. § 56 die Wahl zwischen Kumulations- Absorptions- und Strafschärfungsprinzip nicht blos für Freiheitsstrafen, sondern für alle Strafarten offen gelassen, so würde es indifferent sein, daß das Kumulationsprinzip als die Regel aufgestellt wurde, da die Praxis es ignoriren darf, welche unter mehreren freigegebenen Möglichkeiten das Gesetz sich als die Regel und welche als Ausnahme gedacht hat. Es ist nur zu bedauern, daß das Gesetz vom 9. März 1853 in der Abänderung des § 56 so auf halbem Wege stehen geblieben ist, wenn auch jedenfalls diese Hälfte die bei weitem größere Hälfte genannt werden muß.

Kürzlich sind (Goltd. Archiv VI. S. 839, 840) zwei Entscheidungen des Ober-Tribunals mitgetheilt, in welchen ausgesprochen ist, die Abweichungen des § 56 al. 2 von dem Kumulationsprinzipe seien nicht blos auf Freiheitsstrafen, sondern auch auf die accessorischen Strafen der Untersagung der Ausübung der bürgerlichen Ehrenrechte und der Polizeiaufsicht mit auszudehnen. Für diese Entscheidungen sind Gründe geltend gemacht, welche de lege ferenda gewiß die höchste Beachtung verdient hätten. Ob aber die Entscheidung dem bestehenden Rechte gegenüber vollkommen zutreffend ist, bezweifle ich, bin indeß der festen Ueberzeugung, daß diese Urtheile nur Vortheile für die Praxis bewirken können und wäre es nur zu wünschen, das Ober-Tribunal möchte gelegentlich auch noch einmal entscheiden, § 56 al. 2 sei auch für Geldstrafen anwendbar.

Zweites Kapitel.

§ 13.

Die gefährlichen und unsittlichen Handlungen in ihrer Bedeutung für die Lehre von der Verbrechenskonkurrenz.

Die Verbrechen, (im engeren Sinne des Wortes) die strafbaren Rechtsverletzungen, enthalten bald mehr bald minder unsittliche Momente; ebenso sind dieselben mindestens mit Bezug auf das einzelne angegriffene Recht auch als gefährliche Handlungen nicht zu verkennen.

Diejenigen Handlungen sodann, welche als gefährliche bezeichnet werden müssen, enthalten ebenfalls unsittliche Momente und ebenso muß von den strafbaren Unsittlichkeiten behauptet werden, daß sie das Moment der Gefahr in verschieden hohem Grade nicht verleugnen.

Aber abgesehen davon, daß die verbrecherische Rechtsverletzung durch das Moment des Angriffes auf ein bestimmtes bestehendes Recht sich von den gefährlichen und unsittlichen Handlungen unterscheidet, so unterscheiden sich die beiden letzteren wieder dadurch von einander, daß bei den gefährlichen das Moment der Gefahr, bei den unsittlichen das der Unsittlichkeit überwiegt, so daß der quantitative Unterschied der einzelnen Elemente den qualitativen Unterschied der beiden Begriffe bedingt.

Sind nun Verbrechen, gefährliche Handlungen und unsittliche Handlungen qualitativ verschiedene Begriffe, so kann nicht ohne weiteres angenommen werden, daß Grundsätze, welche für einen derselben gelten, auch für die übrigen gelten müssen.

Es ist in dieser Hinsicht auf folgendes aufmerksam zu machen:

1. Gefährliche und unsittliche Handlungen verletzen als solche kein Recht. Es kann mithin in der für dieselben bestimmten Strafe kein Straftheil gefunden werden, welcher dazu diente, den entstandenen verbrecherischen Schaden zu beseitigen. Vielmehr dient die ganze Strafe dazu, um die Schuld des Thäters zu vernichten. —

2. Die Schuld des Thäters bei Vornahme einer gefährlichen und die bei Vornahme einer unsittlichen Handlung ist eine ver-

schiedene, und ebenso sind beide verschieden gegenüber der verbrecherischen Schuld. Daraus würde denn folgen, daß die Verbüßung der verbrecherischen Schuld einflußlos sein müßte auf die etwa vorhandene Schuld einer gefährlichen Handlung und daß dasselbe auch für die beiden noch übrigen Combinationen behauptet werden muß; d. h. es müßte die Strafe der z. B. unsittlichen Handlung kumulirt werden mit dem subjektiven Theile der für das Verbrechen bestimmten Strafe, u. s. w.

Indem nun aber das Gesetz gegen alle Arten dieser Handlungen ein und dasselbe Reaktionsmittel angewandt wissen will, erklärt es, daß gegenüber dem positiven Rechte die verbrecherische Schuld sich nicht von der der Unsittlichkeit oder der gefährlichen Handlung unterscheiden solle. Unterscheiden sich auch die verschiedenen Arten der Schuld ihrer Natur und ihrem Wesen nach, so unterscheiden sie sich doch nicht hinsichtlich der kriminalistischen Behandlung.

Erwägt man hiezu noch, daß die gefährlichen und unsittlichen Handlungen nur dolose begangen werden können, so ergiebt sich hieraus:

1. Konkurriren mehrere gefährliche oder gefährliche und unsittliche oder mehrere unsittliche Handlungen mit einander, so wird dies eben so behandelt als ob mehrere versuchte Verbrechen mit einander konkurrirten, d. h. es wird das Absorptionsprinzip angewandt. Dasselbe tritt ein, wenn eine der genannten Handlungen mit einem versuchten Verbrechen konkurrirt.

2. Konkurrirt ein vollendetes Verbrechen mit einer gefährlichen oder einer unsittlichen Handlung, so wird der Fall analog dem zu behandeln sein, bei welchem ein vollendetes mit einem versuchten Verbrechen konkurrirt. Es kommt darauf an, den subjektiven Straftheil der für das vollendete Verbrechen bestimmten Strafe herauszustellen; d. h. es ist diejenige Strafe zu bestimmen, welche eintreten müßte, falls das Verbrechen statt vollendet, nur bis zu dem beendigten Versuche geführt hätte. Ist nun

a. dieser Straftheil höher als die auf die unsittliche oder gefährliche Handlung gesetzte Strafe, so ist zu absorbiren, wenn dagegen

b. dieser Straftheil geringer ist als die für die gefährliche oder unsittliche Handlung bestimmte Strafe, so tritt diese statt jenes Straftheiles des vollendeten Verbrechens zu dem für die Wiederherstellung des objektiven Schadens bestimmten Straftheile, woraus sich dann eine Strafschärfung der Strafe des vollendeten Verbrechens ergeben würde.

Als Beispiele von gefährlichen Handlungen berufe ich mich auf diejenigen, welche oben § 8 III. bereits angeführt sind. An jener Stelle erschienen sie blos als Bestandtheil einer verbrecherischen Handlung. Mit anderen Handlungen in Konkurrenz treten, das können die gefährlichen Handlungen natürlich nur dann, wenn dieselben für sich bestehende Handlungen sind, d. h. wenn sie auf einer selbständigen Absicht basiren.

Hinsichtlich der unsittlichen Handlungen bedarf es kaum der Erwähnung, daß Ehebruch, Bigamie und Nothzucht zu denselben nicht zu zählen sind, vielmehr den Verbrechen im engeren Sinne des Wortes angehören, während Blutschande, unnatürliche Unzucht, gewerbsmäßige Unzucht, gewohnheitsmäßiger Wucher und alle diejenigen Bestimmungen, welche von Lokal-Polizeibehörden zur Aufrechterhaltung der Sittlichkeit aufgestellt werden, hierher zu rechnen sind.

Aber auch hier wird es nicht überflüssig sein, darauf aufmerksam zu machen, daß wenn unsittliche Handlungen mit anderen Handlungen konkurriren sollen, dieselben auch selbst Handlungen und nicht blos Bestandtheile von Handlungen sein müssen. Ein interessanter Fall findet sich hierüber in einem Urtheil des Ober-Tribunals, mitgetheilt in Goltdammer's Archiv VI. S. 415. Der Kläger hatte im Civilprocesse wegen leichter Mißhandlung geklagt. Die Richter stellten fest: „daß Verklagter dem Kläger am 18. März auf öffentlicher Straße ohne Veranlassung mehrere Ohrfeigen gegeben habe" und verurtheilten aus § 187 Str.-G.-B. den Verklagten zu 1 Woche Gefängniß. Nun war der Angeklagte bereits vorher wegen desselben Vorfalls durch Mandat der Polizeibehörde auf Grund der Straßenpolizei-Ordnung des Ortes zu 1 Rthlr. Geldbuße oder 24 Stunden Gefängniß verurtheilt: „weil er am 18. März die Sitte und den Anstand auf öffentlicher Straße des

Ortes verletzt habe." Der Verklagte suchte nun in dem gegen ihn angestellten Civilprozesse auszuführen, daß, weil er wegen dieser That bereits mit 1 Rthlr. Geldbuße gestraft sei, er nach dem Grundsatze non bis in idem nicht noch einmal mit Gefängniß von 1 Woche gestraft werden könne. Auf Veranlassung dieses Einwandes kam die Sache vor das Ober-Tribunal. In den Entscheidungsgründen setzte dieser Gerichtshof voraus, daß das Gericht erster Instanz bei Feststellung der Strafe für die Injurie auf die von dem Polizeirichter festgesetzte Strafe wohl Rücksicht genommen haben werde und wies den Einwand zurück. — Bei diesem Falle mußte zunächst Alles darauf ankommen, festzustellen, ob eine Handlung oder mehrere Handlungen begangen seien. Ging nun die Absicht des Thäters darauf, durch Ohrfeigen zu injuriiren, so lag auch nur eine Handlung vor, welche allerdings gegen zwei Strafgesetze verstieß und hinsichtlich deren § 55 (resp. § 337) des Str.-G.-B. in Anwendung zu bringen war. — Es war aber eben nur eine Handlung. Und war diese eine Handlung unter Nichtbeachtung des § 55 von der Polizei-Behörde abgeurtheilt, so war sie abgeurtheilt und durfte der Verurtheilte sich demnächst auf den Grundsatz non bis in idem berufen. Allerdings war es ein Fehler, daß § 55 übersehen, und der injuriirende Charakter der Handlung außer Acht gelassen war. Dieser Fehler hätte dadurch vermieden werden müssen, daß die Orts-Polizei den Staatsanwalt veranlaßte, wegen der leichten Körperverletzung von Amtswegen einzuschreiten. Es war dies nicht geschehen und dadurch die Anwendung des schwereren Strafgesetzes unmöglich gemacht. Zweifellos ist es, daß, wenn gravirende Umstände einer That außer Acht gelassen wurden, deshalb ein neues Verfahren wegen derselben Sache unzulässig ist. In dem vorliegenden Falle hatte die Orts-Polizei übersehen, daß die Handlung nicht als Verletzung der Sitte und des Anstandes, sondern daß sie als leichte Körperverletzung zu behandeln sei. Dieses Versehen konnte aber nicht zur nochmaligen Verhandlung der Sache führen, ebensowenig wie ein etwaiges Uebersehen des Rückfalles oder des Einbruches beim Diebstahle unter Berufung auf die Verletzung des § 55 zur nochmaligen Verhandlung der Sache geführt haben würde. — Nach preußischem Recht kann eine Handlung nur entweder Vergehen oder Uebertretung sein, in dem vorliegenden Falle wurde eine Handlung sowohl als Uebertretung wie auch als Vergehen gestraft. — Will man endlich die zweifache Bestrafung ein und derselben Handlung dadurch rechtfertigen, daß „dem beleidigten Theile ein Klagerecht zur Herbeiführung der Ahndung der ihm zugefügten Beleidigung ertheilt ist" — so wäre dieser Grund höchstens unter der Voraussetzung haltbar, daß die für Injurien bestimmte Strafe eine poena privata und keine poena publica wäre. Daß aber letzteres nicht ersteres der Fall ist, hat das Ober-Tribunal selbst zu verschiedenen Malen ausgesprochen.

Anhang.

Hinsichtlich des gewohnheitsmäßigen und des gewerbsmäßigen Verbrechens habe ich nichts anzuführen. Dagegen möchte ich noch mit einigen Worten auf eine Verbrechensformation aufmerksam machen, welche mit der Verbrechenskonkurrenz oder dem fortgesetzten Verbrechen leicht verwechselt werden könnte. Es gehören zu derselben diejenigen Fälle, in denen der Thäter noch nach Vollendung des Verbrechens Thätigkeiten entwickelt, welche zwar gar nicht mehr zur verbrecherischen Handlung selbst gehören, doch aber rein objektiv betrachtet, die wesentlichen Merkmale einer verbrecherischen Handlung zu enthalten scheinen. — Ich gehe von folgendem Beispiele aus: Jemand beabsichtigt einem Andern eine Sache zu zertrümmern, er thut dieses und nach der Vollendung des Verbrechens läßt er noch seine weitere Wuth an den Trümmern aus, um diese bis zu Staub zu schlagen. Diese nach der Vollendung des Verbrechens vorgenommenen Thätigkeiten begründen nicht Verbrechenskonkurrenz — weil nur eine Handlung vorliegt — auch nicht fortgesetztes Verbrechen — weil durch sie die Rechtsverletzung quantitativ nicht größer wird. Aber für sich allein rein objektiv betrachtet, bieten sie die Merkmale der Sachbeschädigung.

Erkennt man als das durch den Ehebruch verletzte Objekt, die eheliche Treue, so ist der Ehebruch durch den ersten außerehelichen Beischlaf vollendet, die Rechtsverletzung wird mit Bezug auf den unschuldigen Theil durch mehrere folgende außereheliche Vermischungen nicht größer, und noch weniger wird man von Konkurrenz sprechen dürfen, so lange die Voraussetzung zutrifft, daß nur ein eheliches Treuverhältniß angegriffen ist. —

Ganz ähnlich kann sich die Sache bei der Bigamie, bei der Veränderung des Personenstandes gestalten; es können noch nach der Vollendung des Verbrechens Thätigkeiten vorkommen, welche der zur Vollendung des Verbrechens benutzten rechtsverletzenden Thätigkeit vollkommen gleich sehen.

Derartige Thätigkeiten sind nun aber zur Herstellung der Verbrechenskonkurrenz ebenso untauglich wie zu der des fortgesetzten Verbrechens — ich glaube dieses an den obigen Beispielen gezeigt zu haben; — es kommt denselben vielmehr nur eine Bedeutung zu für die Strafzumessung und für die Verjährung. Ersteres bedarf keiner näheren Ausführung, die weitere Begründung des Letzteren, falls dieselbe erforderlich sein sollte, gehört jedenfalls nicht in diese Arbeit.

Register.

FSC
www.fsc.org
MIX
Papier | Fördert
gute Waldnutzung
FSC® C083411

Kolibri 360 GmbH
Ferdinand-Jühlke-Straße 7
99095 Erfurt, Deutschland
produktsicherheit@kolibri360.de